U0216530

版式攻略

版式设计原理与案例应用解析
LAYOUT DESIGN PRINCIPLES AND CASE APPLICATION ANALYSIS

邓海贝 —— 著

LAYOUT
STRATEGY

FONT

GRAPHIC

COMPOSITION

COLOR

电子工业出版社.

Publishing House of Electronics Industry

北京·BEIJING

图书在版编目（CIP）数据

版式攻略：版式设计原理与案例应用解析 / 邓海贝著 . -- 北京：电子工业出版社，2024.4

ISBN 978-7-121-47591-7

Ⅰ . ①版… Ⅱ . ①邓… Ⅲ . ①版式－设计 Ⅳ . ① TS881

中国国家版本馆 CIP 数据核字 (2024) 第 063435 号

责任编辑：王薪茜　　特约编辑：马　鑫
印　　刷：天津市银博印刷集团有限公司
装　　订：天津市银博印刷集团有限公司
出版发行：电子工业出版社
　　　　　北京市海淀区万寿路 173 信箱　　邮编：100036
开　　本：787×1092　1/16　　印张：16.75　　字数：670 千字
版　　次：2024 年 4 月第 1 版
印　　次：2024 年 4 月第 1 次印刷
定　　价：88.00 元

凡所购买电子工业出版社图书有缺损问题，请向购买书店调换。若书店售缺，请与本社
发行部联系，联系及邮购电话：（010）88254888，88258888。

质量投诉请发邮件至 zlts@phei.com.cn，盗版侵权举报请发邮件至 dbqq@phei.com.cn。

本书咨询联系方式：（010）88254161 ~ 88254167 转 1897。

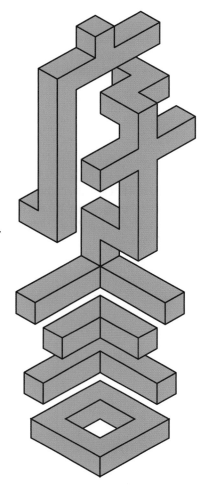

版式设计是所有设计形式的基础，其设计原理和理论渗透于各个设计领域。它不仅为设计作品提供了基本的结构和框架，更通过巧妙的布局和安排，赋予设计以生命和灵魂，使信息能够得以清晰、准确地传递，其重要性不言而喻。因此，版式设计已经成为艺术设计专业中一门举足轻重的基础课程，同时也是现代设计师所必须具备的核心能力之一。

多年的教学与实践经验让我深刻认识到，扎实的版式设计基础对于设计师的成长具有至关重要的作用。没有良好的版式基础，设计作品就如同没有稳固根基的空中楼阁，难以经受住时间和市场的考验。因此，我深感有责任将我对于版式设计的领悟、技巧和经验分享给更多的人，希望能够帮助他们在设计的道路上走得更远、更稳。

为了实现这一目标，我创办了微信公众号"艺海拾贝 Design"，分享了近 200 篇关于版式设计的基础知识和实战技巧。这些内容受到了广泛的认可和喜爱，吸引了十多万粉丝的关注，并在各大设计平台上获得了极高的评价。我也因此荣获了 2022 年和 2023 年"优设网年度十佳作者"的称号，以及 2023 年"站酷网推荐文章作者"的殊荣。

随着时间的推移，越来越多的初学者通过微信向我咨询版式设计的问题，同时，许多粉丝也表达了希望我能将这些文章系统整理成一套教程的期望。在这个过程中，我意识到市场上缺乏适合初学者学习的版式设计书籍。这一发现进一步坚定了我将多年积累的经验整理成书的决心，以期能为初学者提供更系统、更全面的学习资源。

经过长时间的精心准备和撰写，本书终于与大家见面了。在这本书中，我系统地梳理了版式设计的各方面知识，从基础概念到高级技巧一应俱全，旨在帮助读者全面、深入地掌握这一技能。无论你是初学者，还是已有一定基础的设计师，这本书都将成为你通往版式设计高手之路的必备指南。

本书共 5 部分。01"基础篇"，将介绍版式设计的基本概念、构成要素和设计流程，帮助读者全面理解版式设计的整体框架和核心理念；02"文字篇"，将深入探讨文字在版式设计中的关键作用，包括如何选择合适的字体、实现有效的文字搭配以及巧妙的文字编排设计，以提升版面的阅读体验和传达效果；03"图形篇"，将引领读者探索图形在版式设计中的独特魅力，涵盖图形的多种类型、使用原则以及图文互动的创意编排方法，为版面增添生动性与趣味性；04"配色篇"，将阐释色彩的基础知识，并教授如何通过精妙的色彩搭配来强化版面的视觉效果和情感表达，营造出与主题相契合的氛围；05"构图篇"，将深入剖析版式设计的构图精髓，详尽阐述平衡稳定、灵动活泼与理性严谨等构图类型的特点与应用方法，同时展示多种基本构图样式，为设计师提供丰富的灵感与参考。

本书的完成得益于众多优秀设计师的鼎力相助。在此，我要特别感谢为我撰写推荐语的老师们，他们在各自设计领域的杰出成就，一直是我学习和进步的楷模。同时，衷心感谢编辑老师的辛勤耕耘以及粉丝们的耐心等待与支持。

最后，我要向所有阅读本书的读者表达衷心的感谢。倘若本书能为你的设计之路提供些许帮助和灵感，我将荣幸之至。

当然，鉴于本人水平有限，书中难免存在疏漏和不足之处，在此恳请广大读者批评指正，以便我们不断完善和进步。

RECOMMENDATION
WORD

风的诗人

郑州诗人文化传媒有限公司创始人、站酷网推荐设计师

邓老师不仅对设计充满热情，更是一位言传身教的杰出教育者。对于刚刚踏入设计领域的新手而言，本书将提供一次极具启发性的阅读体验，相信它定能为你指明设计的方向，点亮前行的明灯。

吴少杰（大猫 404）

灵感激流创始人、站酷网推荐设计师

这本书凝聚了他对版式设计的深刻理解和独特见解，以清晰简洁的方式引导读者逐步揭开版式设计的神秘面纱。对于专业设计师来说，这本书提供了宝贵的排版思路和灵感；而对于设计初学者而言，它更是一本不可或缺的入门宝典。

张修

野川设计创始人、虎课网知名讲师

无论是设计新手还是专业设计师，这本书都是你不可或缺的指南。

刘兵克

字体帮创始人、刘兵克字库创始人、
字体江湖创始人、刘兵克字体奖创办人

我与邓老师在网络上相识多年，深知他在高校教育领域的执着与贡献，不仅为学生们传授专业知识与技能，还通过自媒体平台无私分享实用干货，为设计师群体提供了宝贵的经验和启示，这种精神让人由衷地感到敬佩。我自己的微信公众号也曾多次转载邓老师的教程，因为它们的实用性和深度确实值得广泛传播。

最近，我有幸提前阅读了海贝老师新书的样稿，深感每一篇内容都是经过精心策划和挑选的佳作，既符合设计师的实际需求，又富含深厚的专业营养。我坚信本书将对设计师的成长产生积极的推动作用，并真心推荐给每一位追求进步的设计师！

黑马青年

黑马家族创始人、各大设计平台推荐设计师

邓老师在设计领域的专业分享广受赞誉，他凭借丰富的经验为众多设计师的职业成长提供了宝贵的指引。对于设计师而言，版式基础犹如高楼大厦的地基，是决定设计作品高度的关键要素。邓老师对此有着深刻的理解，并在本书中通过大量精彩的案例，将深奥的版式理论转化为简明实用的实战技巧，为读者提供了难得的学习机会和宝贵的经验。

欧阳威

站酷网推荐设计师、欧阳威设计工作室创始人

早在数年前，邓老师就提及了撰写设计书籍的构想，如今终于得以一睹新书的样稿，其内容之丰富、呈现之精彩，一如既往地令人赞叹。

优秀的版面设计离不开文字、图形、色彩和空间这四大要素的巧妙组合与运用。邓老师的这本书正是围绕这四个方面展开了深入的探讨，对版式设计的原理与技巧进行了全面的梳理与总结。无论你是初涉设计领域的新手，还是经验丰富的资深设计师，这本书都将成为你不可或缺的得力助手和灵感源泉。

葱爷

和力传播集团创意总监、葱爷公众号创始人、
站酷网超 400 万人气设计师

邓老师凭借其丰富的设计实践与教学经验，在本书中深入浅出地剖析了版式设计的核心知识，讲解既专业又细致，使读者能够轻松领悟设计的精髓。书中大量的优秀案例更是如虎添翼，进一步加深了读者对知识点的理解与掌握。对于渴望踏入设计领域或初入此行的新手来说，本书无疑是一份不可或缺的宝贵资源。

风尾竹
站酷网推荐设计师、两千万人气设计师、竹笋集视觉创始人

本书是不可多得的高质量版式设计书籍。它通过精练的文字与卓越的视觉呈现，深入挖掘了版式设计的独特魅力。本书不仅展示了高超的设计技法，更引领读者与设计灵魂进行深度对话。无论你是经验丰富的设计师，还是初涉设计领域的新手，都能从中获得无尽的启发与灵感。

张家彬
公众号美工美邦创始人、站酷网 500 万人气作者

我有幸与邓老师相识多年，并一直深受其设计理念的启发。这本书凝聚了邓老师多年的设计心得与独到见解，内容全面且详尽，不仅涵盖了版式设计的核心要素与原则，还紧密结合商业实践，提供了丰富的实战案例与策略。这使本书具有很高的实用性和指导意义，对于设计师来说，无论是初入行业的新手还是经验丰富的资深人士，都能从中获得宝贵的启发和参考。我坚信，阅读本书将会让你的设计之路更加宽广与顺畅，助你在职业生涯中不断迈向新的高峰。

升哥
揽创设计创始人、微博设计美学金 V 博主

版式设计是每位设计师都不可或缺的核心技能。本书采用通俗易懂的语言，深入浅出地揭示了版式设计的奥秘，无疑能够帮助你深化对版式设计的理解，进而提升你的设计水平。

王先亮
知名设计师

本书是作者智慧与经验的结晶，条理清晰地解读了版式设计中的核心要素，包括字体、图形、配色与构图等关键方面。它不仅为初学者提供了一条迅速入门的捷径，也为经验丰富的专业人士带来了新的启示和灵感。作为一本珍贵的设计宝典，它值得你时常翻阅，不断汲取其中的养分，为你的设计之路增添更多的可能性。

邢宏亮
沈阳航空航天大学设计艺术学院副教授

本书不仅传授了行业内的标准规范，更着重于激发设计师的创新思维。设计师们通过阅读本书，可以释放自己的创造潜能，打造出独具匠心的版面作品。

陈祖丹
虎课网联合创始人兼 CEO

本书凝聚了邓老师多年的版式设计经验与心得，全面而系统地介绍了版式设计的基本概念、构成要素、设计流程以及实战技巧，涵盖了文字、图形、配色到构图等各个层面。对于初学者和设计师而言，这本书无疑是通往版式设计高手之路的必备指南，相信它能为你的设计之旅提供有力的支持和深刻的启示。

程远
优设网内容总监

邓老师在优设网的分享内容不仅实用，而且紧密联系实际，从基础知识到进阶技巧，全方位地涵盖了平面设计各个环节的要点。无论是字体选择、配色技巧，还是排版布局，他的文章都能提供详尽的解答和指导。因此，他被誉为"平面设计科普官"，并连续两年荣获"优设网年度十大作者"的称号。他所著的这本书更是他多年教学经验的精华总结，内容丰富充实，案例生动有趣，是平面设计爱好者与从业者们的必读佳作。

董掌柜
视研设创始人、站酷网推荐创作者、致设计推荐设计师

版式设计在设计中的地位至关重要，它如同建筑的地基，不仅决定了设计作品的基础水准，而且通过高水平的表现，能够极大地提升设计的整体品质。实际上，版式设计也是一种思维方式，它要求我们深入理解并运用设计的内在逻辑。这种思维方式正是本书所探讨的核心内容，并贯穿于书中所涉及的各个关键元素。

随着我们在设计行业的经验不断积累，我们越来越能体会到基本技能对于设计师职业生涯的重要性。希望本书能成为你在设计道路上的得力助手，助你不断前行。

王通（MJ·灰）
北京魔杰作设计咨询公司创始人、古田路 9 号推荐设计师、徐州千业影视动画有限公司创意总监

好的设计不仅关注表面的美感，更注重其对外传达的价值以及实际应用的可行性。邓老师凭借多年的专业教学经验，在自媒体平台上持续分享了数百篇实用的设计文章。在本书中，邓老师结合自己的丰富经验，通过大量典型案例，深入浅出地阐释了如何正确运用设计原理。内容既系统又实用，既易于理解又具有深度，为读者提供了宝贵的指导。

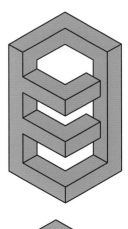

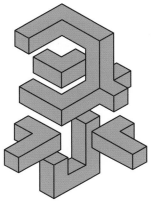

01

基础篇
BASICS

02
文字篇
FONT

Chapter 07
数字编排设计

03
图形篇
GRAPHIC

Chapter 01
图形的类型与使用原则

Chapter 02
图形裁切与图文互动编排

04
配色篇
COLOR

Chapter 01
认识色彩

Chapter 02
配色规划与方法

构图篇
COMPOSITION

LAYOUT
STRATEGY
版式攻略

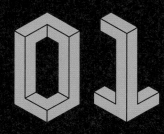

01

基础篇
BASICS

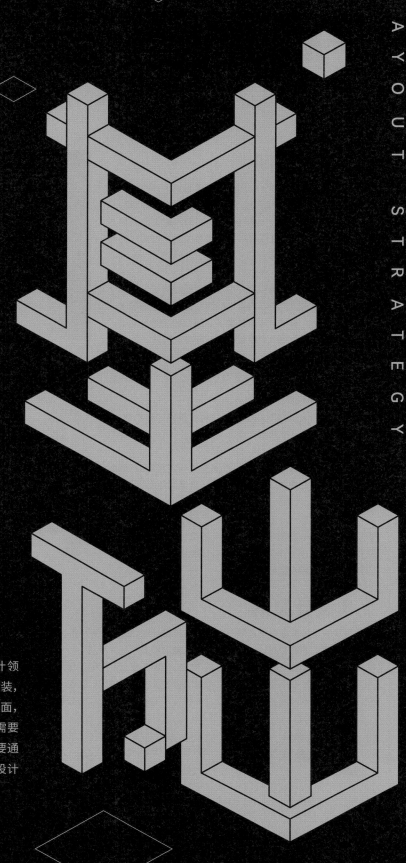

版式设计的原理广泛应用于各个设计领域。无论是印刷媒体中的海报、书籍、包装，还是电子媒体中的网页、电商、用户界面，抑或是动态媒体中的影视、动画等，都需要运用版式设计的理念。可以说，所有需要通过视觉传递信息的领域都离不开版式设计的原理。

1-版式设计的概念

版式设计的主要目标是在限定的版面空间内，运用版面的视觉元素，包括文字、图形、色彩等，根据视觉规律和设计原则进行合理的编排、组合与布局。其核心目的是打造出具有清晰视觉秩序和美感的版面，以提高其可读性和吸引力，进而高效地传达信息。

1.1 版面空间

版面空间是指在版式设计中用于安排和组织设计元素的空间，它直接影响着页面中各元素的大小、位置和间距。由于版面空间有限，设计师在进行版式设计时，必须审慎考虑并平衡各元素在版面中的布局和关系，以实现整体的和谐、平衡和美感。

一般来说，版面并不需要被完全填满，适当的留白是很重要的。例如，页边距、内容之间的空白区域等都是留白的应用。合适的留白能避免文字、图像和其他元素过于拥挤，从而帮助用户更轻松地理解和接收信息。

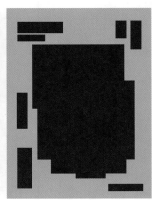

版面空间（185mm×260mm） 　　留白空间（绿色部分）

1.2 视觉规律

视觉规律是指人类视觉系统在感知和处理视觉信息时，所遵循的一些普遍规律和特点。

视觉焦点：人眼往往倾向于在页面上的特定区域或元素上集中注意力和聚焦，这些区域或元素通常是页面的中心或显著位置。

阅读逻辑：在从左到右和从上到下的文化环境中，人们往往习惯于从左上角开始阅读，并按照水平从左到右、垂直从上到下的顺序进行阅读。

视觉焦点（红色部分） 　　阅读逻辑

1.3 设计原则

版式设计的设计原则是指在进行页面布局和设计时，需要遵循一些基本的设计准则，以实现信息的有效传达和视觉美感的平衡。

对齐：元素之间的对齐，对于保持页面的整洁和有序至关重要。

亲密性：将彼此相关的项靠近放置，形成一个视觉单元，有助于信息的组织，为观者提供清晰的信息结构。

重复：通过重复使用相似的元素，可以增强页面的统一感和一致性。

对比：利用元素之间在颜色、大小、形状等方面的对比，可以有效地突出重要的内容和信息，引导观者的视线。

对齐　　　　　　亲密性　　　　　　重复　　　　　　对比

2-版式设计的构成

点、线、面是构成视觉空间的基本要素。版面设计实质上就是如何处理好点、线、面之间的关系。因此，无论你采用何种设计手法或表现技法，画面中基本的骨架——点、线、面元素都是不变的。

2.1 点构成

在版式设计中，点是最基本的元素，同时也是富有生命感的造型元素。如果一幅设计作品中缺少了点的装饰，整体会显得毫无生机。然而，通过适当运用点元素，我们可以使版面变得丰富多彩、生动活泼，从而呈现出多样的视觉效果。

任何形状的视觉形象都可以被视为点，因此，点并不仅限于圆形，还可以是规则的、不规则的、几何的、有机的或自然的形状。此外，点也可以表现为人物、动物、植物等元素形态。在设计过程中，我们应根据具体的设计目的来选择或安排最为理想的点的形态。

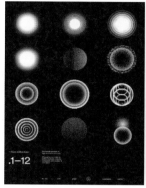

2.1.1 点作为背景元素

大面积的留白有助于营造一种宁静、淡雅的氛围。若期望增强画面的丰富程度和活跃感，不妨运用点状元素作为背景，点缀和充实空白区域，从而有效地丰富版面视觉效果。

2.1.2 点作为点缀元素

点元素在设计中常起着装饰与活跃画面的作用。当画面的设计感不足时，我们可以运用点元素来提升整体的设计感。恰当的点缀不仅能丰富画面的层次感，还能强化整体的设计氛围。

缺少点元素

加入点元素作为背景

添加点为点缀元素

2.2 线构成

线产生于点移动的轨迹，其形式多种多样，可以是几何图形中的线条，也可以是一段文字，甚至是由很多点组合而成的。由于线具有位置、长度、宽度、方向和形状等多种属性，这使线在视觉上呈现出丰富的多样性。

2.2.1 线的连接作用

由于线条具有方向性，当元素信息的整合不够明确时，我们可以运用线将多个信息元素连接成一个整体，进而有效地引导观者按照正确的顺序进行阅读。

2.2.2 线的分割作用

线的另一个常见功能是分割，通过此功能可以有效地对不同的信息进行分类和区分。尤其在版面信息量大的情况下，选择使用线来划分信息区域，有助于信息的整理和提高阅读效率。

2.2.3 线的强调作用

在版式设计中，我们经常使用线条来强调某些重要的元素或提升它们在画面中的视觉影响力。这样，主体元素在画面中的视觉形象会更加鲜明，其主导地位也会得到强化。

线框在设计过程中起到了很好的辅助作用，可以有效地突出文案的关键部分。视觉上，它就像是在版面中划定了一个视觉焦点，从而成功地突出了主题。因此，观者在浏览版面时，往往会首先注意到线框内的区域，将其作为阅读的重点。

2.2.4 线的装饰作用

线在版面设计中具有点缀和修饰的作用。恰当地运用线条可以提升版面的精致度，使版面在视觉上更加丰富和多变。

当版面中的留白面积较大时，为了避免版面显得空旷，我们可以加入线元素作为背景来填充这些空白区域。

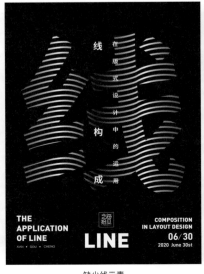

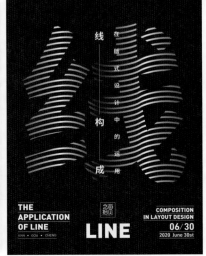

缺少线元素　　　　　　　　　　　添加线元素

2.3 面构成

在版式设计中,我们将具有明显面积感和体量感的元素称为"面"。面可以是有形的,表现为图形、图片或文字等具体形态;也可以是虚无的,如画面的空白或图形之间的间隙,都可以被视为面的形态。

与点和线相比,面在视觉上具有更显著的长度和宽度,其在空间中所占的面积更大,因此具有更强的视觉冲击力。面的各种状态,如大小、虚实、空间和位置等,都会引发人们不同的视觉体验。

2.3.1 面的主体作用

面在版面设计中是一种强有力的造型语言,往往扮演着主角的角色。塑造主体的视觉风格实际上就是对面的塑造。一旦主体风格确定,我们可以运用点和线作为辅助元素,以增强画面的设计感和丰富度。

2.3.2 面的承载元素作用

面具有承载元素的功能,作为信息载体,它可以强化和聚集内容,将相关的信息整合在同一面上,从而增强元素之间的组织关联性,防止版面显得过于松散和空洞。

当版面的背景较为复杂时,利用面来承载文字信息,能确保信息有效传达。此外,这样的设计还可以提升画面的层次感和丰富度。

2.3.3 面的分割空间作用

面在版面设计中能起到分割画面的作用,通过面的运用,可以将原本层次不够分明的版面进行有效的分割。当需要展示多项内容时,可以利用不同的面将信息进行归组,并对空间进行合理的划分,以提高信息传达的效率。

3 - 版式的设计流程

版式设计的流程可以根据实际情况有所调整，但一般包括以下几个基本步骤。

3.1 前期准备

在开始设计之前，务必确保充分理解客户的需求和期望，并提出相关问题以获得更多的细节信息。这样可以帮助你实现预期的设计效果，提高工作效率，从而事半功倍。

·客户需求：深入理解本次设计的主要目的，是为了促销产品、宣传特定事件，还是提高品牌知名度等。这对后续的设计决策具有至关重要的指导意义。

·目标受众：明确设计的目标受众，深入了解他们的基本特征和兴趣所在。这一步骤有助于我们在设计过程中充分考虑受众的喜好和需求。

·主题和信息：确立设计要传达的核心主题和关键信息，这将直接影响设计中的内容选择和呈现方式。

·投放媒介：明确设计稿件的最终展示媒介，是用于印刷还是电子设备展示。不同的媒介有其特定的尺寸和分辨率要求，同时还需要考虑文字、色彩、图片在不同媒介上的显示效果和适应性。

·时间和预算：与客户明确设计项目的时间框架和预算限制，这有助于我们在设计过程中做出合理的决策，确保设计工作能在规定的时间和预算范围内高效完成。

·设计方向：与客户分享类似项目的成功案例或其他相关设计的参考样本，结合草图来具象化呈现设计的初步想法和概念，以便与客户进行更直观、高效的讨论和调整，确保设计方向准确无误。

3.2 整理信息

版式设计的意义在于准确、流畅地传达信息。为了实现这一目标，需要对客户提供的文案内容进行仔细规划和整理。通过评估文案的重要性和内容之间的逻辑关系，可以确定它们的主次层级关系，从而确保信息传达的重点和层次得到有效展现。

常见的信息层级关系示例如下。

重要的信息

1. 主标题：作为版面中最突出的信息，主标题通常采用醒目的文字。其主要功能是概括整个设计内容，吸引观者注意，并传达核心信息。

2. 副标题：副标题用于对主标题进行进一步的阐述和解释。其文字大小通常较主标题小一些，但在视觉上仍具有较高的权重。

3. 标语：标语是概括和传达主题的简短口号。为了吸引观者的注意力，标语通常设计得具有较高的视觉权重。

强调的信息

这类信息包括价格、卖点、电话号码等，通常需要以特殊样式呈现，旨在增加视觉吸引力并引导观者关注。

次要的信息

包括正文和说明文字等，主要用于对内容进行详细说明和展示。这类信息的字号通常较小，用于传达具体的信息和细节。

弱化的信息

包括一些辅助性的说明信息、图标等，可以作为点缀元素呈现，以丰富版面内容而不显得过于拥挤。

以"螺味轩新品促销广告"为例，通过对信息的仔细整理，我们明确了设计的主要目的，并据此确立了文字内容之间的层级关系。

常见的信息种类 和层级关系

标题、标语等	重要
价格、卖点、电话号码等	强调
正文、说明文字等	次要
辅助信息	弱化

案例示范

螺味轩 正宗柳州螺蛳粉
"地道柳州味道"
重要
(标题、标语)

新品尝鲜价 9.9 元 / 包
强调
(价格)

精选石螺熬制，大骨棒 10 小时精炖
更稠更浓，小火慢慢熬出浓浓思念
次要
(正文)

鲜香酸辣
10 小时熬制　12 种香料　8 大配料
弱化
(辅助信息)

3.3 选择字体

在版式设计中，字体的选择与搭配具有至关重要的意义，它们直接关乎设计的整体效果和视觉体验。为了确保设计与主题和风格相契合，我们必须选择恰当的字体。同时，在字体选择和搭配的过程中，应始终保持一致性和可读性，以确保设计能够达到预期效果并有效地传达信息。

螺味轩
正宗柳州螺蛳粉

地道柳州味道

新品尝鲜价 9.9 元 / 包

精选石螺熬制，大骨棒 10 小时精炖

更稠更浓，小火慢慢熬出浓浓思念

鲜香酸辣
10 小时熬制　12 种香料　8 大配料

此案例的标题字体选用了书法字体。书法字体的自然朴实特质，使其有别于其他印刷字体所带有的冰冷机械感，从而能够出色地展现美食的天然手工质感，并散发出强烈的亲和力。为了进一步增强视觉效果，选用了识别性良好的宋体进行搭配。宋体字的文化历史底蕴和人文气息，与书法字体的风格气质相得益彰，为设计注入了更多的魅力。

3.4 使用图形

图形在版式设计中扮演着至关重要的角色，其直观性能够为原本平淡的信息注入强烈的视觉冲击力。在进行版式设计时，我们必须选择与设计主题紧密契合、清晰美观的图形，以吸引观者的视线并引导他们关注文字信息。在理想情况下，如果所选图形符合设计要求，我们可以直接将其用于设计。然而，很多时候客户提供的图片效果并不尽如人意，这时就需要对其进行调色、裁切等二次处理，以提升其视觉效果。

3.5 确定构图形式

构图是版式设计的初步框架，它的确立为后续的排版和细化工作奠定了基础。每一种构图形式都有其独特的优点和应用方法。深入理解构图的意义和作用，能使你在排版过程中更加自信和有把握。

此案例选用了满版构图，这种构图方式以其饱满充实的形象和直观丰富的视觉感受受到青睐。通过将图片放大并铺满整个版面，营造了一个身临其境的场景，具有极强的代入感和视觉冲击力，从而能够有力地唤起人们的购买欲望。在放置文字信息时，特别留意将其置于图片的空白处，以确保文字的清晰可辨识性和图片的完整性得到妥善维护。

3.6 调整配色

色彩搭配在设计中具有举足轻重的地位，它不仅能够直接影响设计的视觉效果，还能够传达出特定的情感。为了确保设计与主题和目标紧密契合，必须谨慎选择恰当的色彩和配色方案，同时充分考虑色彩所蕴含的情感和意义。此外，还需关注色彩的对比度和协调性，以打造具有吸引力和强烈视觉效果的设计作品。

此案例采用了提取自 Logo 的颜色（红、绿、黄）进行配色，从而在视觉上形成了紧密的联系，确保了画面色彩的统一和协调。

3.7 优化与调整细节

通过对版式设计细节的仔细优化和精心调整，能够显著提升设计的精致度，进一步增强整体设计的效果和质量。

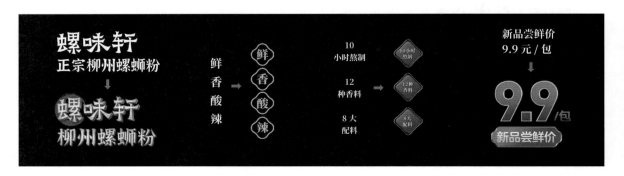

设计完稿效果

┌─ **TIPS** ───┐

熟悉设计流程对于有条理地规划和执行设计过程至关重要，它确保最终的设计能够紧密
契合预期目标。设计流程可以根据不同项目和设计师的工作方式进行灵活调整和定制，
具体的步骤会因项目的独特性和需求而有所差异。在整个设计过程中，我们需要持续地
进行尝试，并灵活地调整设计方案，以追求最佳的版式设计效果。

└──┘

4-常用的纸张尺寸

4.1 全张纸

平板纸在出厂时会被裁切成特定的尺寸，这些尺寸适用于大幅面单张纸印刷机，这种尺寸的纸张被称为"全张"。印刷厂可以根据需要，将全张进一步分切成较小的幅面，以适应各种型号的单张纸印刷机的使用要求。全张的面积规格是整个造纸业和印刷业共同遵循的特定标准。在我国，最常用的规格有几种，它们都有行业内通用的名称。

| **正度纸**
787×1092
(mm)

多用于印刷 | **大度纸**
889×1194
(mm)

多用于印刷 | **A号纸**
841×1189
(mm)

多用于打印纸、信纸 | **B号纸**
1000×1414
(mm)

多用于信封、档案袋 |

正度纸张尺寸起源于民国时期的印刷标准，当时的字典、书籍、报纸等出版物大多采用正度规格的纸张进行印刷。而大度纸则是国际 ISO 标准，起源于德国，目前我国所采用的标准纸张尺寸便是大度纸。

国际通用的纸张尺寸中包括 A、B、C 三种型号，这一标准被广泛应用于打印机和设计软件中。举例来说，大家耳熟能详的 A4 和 A3 打印纸，以及 B6 信封，都是基于这一标准而设定的尺寸。

4.2 纸张开本

按照国家标准规定生产的纸张被称为"全开纸"。将一张全开纸裁切成面积相等的若干小张，称为"开数"。例如，当全开纸被均分为两半时，每一半就被称为"对开"；若全张纸被分成四份，则每一份被称为"4 开"。以此类推，我们熟悉的"16开"意味着全开纸被分成了 16 份。

常用的印刷尺寸　（单位：mm）

正度　787×1092

正对开	530×760	正 4 开	380×530
正 8 开	260×380	正 16 开	190×260
正 32 开	130×190	正 64 开	95×130

大度　889×1194

大对开	580×860	大 4 开	420×580
大 8 开	285×420	大 16 开	210×285
大 32 开	140×210	大 64 开	105×140

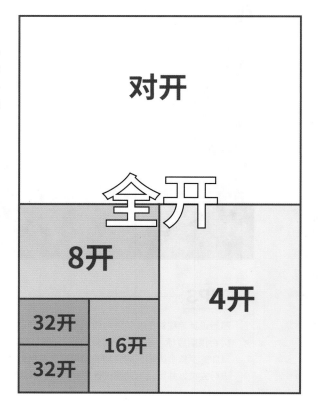

对于诸如中小学教科书、公文等重要印刷品，国家制定了统一的标准，以确保全国各地印制出来的同一规格的图书都具有相同的尺寸。目前，我国以正度纸作为标准印张，用它来印制的 16 开的书被称为"16 开本"。若使用大度纸来印制 16 开的书，由于其纸张幅面较标准印张要大，因此需要在前面加上一个"大"字，即称为"大 16 开本"。

这些纸张标准也常被应用于一般的纸制品中。例如，很多宣传单的尺寸都是 210mm×285mm，因为这是标准的大度 16 开尺寸。当使用 889mm×1194mm 的大度全张纸进行印刷时，可以充分利用纸张，避免浪费。

很多资料都提供了各开本尺寸的标准数据，但这些仅是常用的参考尺寸。在实际设计印刷品的长和宽时，设计师拥有很大的自由决策权。若设计师想要设计一个特殊的尺寸，完全可以在标准尺寸的基础上进行创意变化。然而，非标准的尺寸可能会导致纸张的浪费，因此在设计之前，建议咨询印刷厂的专业人员，以获得关于合适尺寸的宝贵建议。

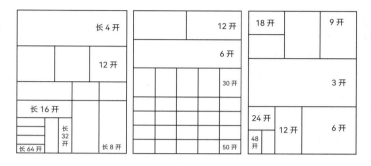

A、B、C 三种型号的纸张尺寸采用了一种不同的命名方式。以 A 系列为例，当"A0"被切半时，得到的尺寸被称为"A1"；同样地，当"A1"被切半时，得到的尺寸被称为"A2"，以此类推。

A3 至 A6 是复印纸的常用规格

A3	297×420	A4	210×297
A5	148×210	A6	105×144

注意

尽管大度 16 开（210mm×285mm）与 A4（210mm×297mm）的尺寸相近，但在印刷时不能使用 A4 尺寸。因为 A4 尺寸超出了标准的印刷尺寸，这会导致纸张的浪费，进而增加印刷成本。这是新手设计师经常会犯的错误。

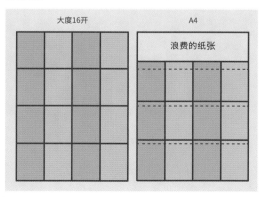

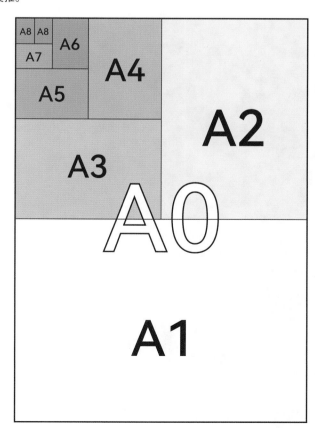

LAYOUT
STRATEGY
版式攻略

02
文字篇
FONT

FONT

字体在塑造画面风格中起着至关重要
的作用。恰当地选择字体并进行合理
的搭配，是优秀版式设计的基础。

L A Y O U T   S T R A T E G Y

LAYOUT
STRATEGY
版式攻略
文字篇
FONT

Chapter 01———

字体基础

字体是指在同一字形下，具有相同造型和统一风格、特点的文字、字母、数字、符号、标点、记号等的集合体。每种字体都可以通过其特定的名称进行识别，例如汉字字体的"方正兰亭黑体"或西文字体的"艾瑞亚"（Arial）。

目前，各大字库为设计师提供了丰富多样的字体版本和类型，以满足各种设计需求。由于字体种类繁多，版式设计因此成为一项充满挑战的设计任务。设计师需要不断地感受、体会和实践，以妥善安排这些数量有限但潜力无穷的基本元素，从而创造出卓越的版式设计作品。

1-字体基础

1.1 字族

字族是基于同一种字体的字形分类，涵盖了多种变形，包括不同的字重、字宽和样式等，但它们仍保持着相同的视觉特征。这些变体的出现是为了满足适应不同文本内容的可读性、可视性和易辨性需求。

1.1.1 字重

字重是指字体笔画的相对粗细。根据不同字体厂商的划分标准，字重的称呼也可能不同。
下图展示的是 Helvetica Now Display 字体的 9 种字重。

Hairline	Extra Light	Light	Regular	Medium	Bold	Extra Bold	Black	Extra Black
极细	特细	细体	标准体	中等体	粗体	特粗	黑体	特黑

汉字的笔画相对较为复杂，粗细变化相对较少，远不及英文字体丰富。以思源字体为例，该字体共有以下 7 种字重。

极细	ExtraLight	思源黑体	Source Han Aans
细体	Light	思源黑体	Source Han Aans
常规	Normal	思源黑体	Source Han Aans
标准	Regular	思源黑体	Source Han Aans
中等	Medium	思源黑体	Source Han Aans
粗体	Bold	思源黑体	Source Han Aans
特粗	Heavy	思源黑体	Source Han Aans

1.1.2 字宽

字宽是指一个字符的相对宽度。许多西文字体都包括"窄体"（Condensed）和"宽体"（Extended）两种设计。宽体和窄体的设计并非单纯地调整字母的横向空间，其中涉及复杂的设计，包括笔画粗细和字形结构的调整。

Helvetica Helvetica Helvetica
窄体 (Condensed)　　　　　标准体 (Normal)　　　　　宽体 (Extended)

1.1.3 样式

常用的字体样式包括常规体、斜体、描边体，以及一些装饰体和老式数字等。
- 常规体（Regular）是字体中最常用且适中的字体，适用于各种文本内容。
- 斜体分为意大利体（Italic）和单斜体（Oblique）。意大利体具有浓厚的手写体特征，字形自然倾斜；而单斜体则是通过人工将直立的常规体轮廓进行倾斜处理。
- 描边体（Outline）则是一种空心字类型的字体，文字不是实心的，而是以线条勾勒出字形。

Helvetica *Helvetica* Helvetica
常规体 (Regular)　　　　　意大利体 (Italic)　　　　　描边体 (Outline)

1.2 字体度量

目前，国际上通用的印刷字体大小单位以点数为度量标准，其中 1 点（point）约等于 0.35mm。而在国内的印刷厂中，这个单位常被称作"磅"。

point 缩写为 pt　　　1pt ≈ 0.35mm

字体犹如人类，不仅拥有多样的外貌特征，同时也能展现出独特的内在气质。设计师只有深入探索每种字体的特质，才能精准地选择出最贴切的字体。由于字体种类琳琅满目，为了让大家能够更高效、准确地挑选字体，我们将在下文采用简洁明了的方式对其进行分类。具体分为中文篇（包括黑体、宋体、圆体、书法体）和西文篇（包括衬线体、无衬线体、哥特体、手写体）。接下来，我们将详细解析各类字体的特点，以及其在不同设计案例中的应用效果。

2-中文字体

2.1 设计基础

设计师必须对各种字体的风格特点了如指掌，深谙其独特韵味和表现力，如此才能在编排设计中运用自如。凭借合理的字体选择和富有创意的组合，设计作品的内容能够得以更加清晰、有条理地呈现给观者，进而引发共鸣，留下深刻的印象。

2.1.1 汉字的基本笔画

汉字的基本构成单位是笔画，主要由八种基本笔画组成，具体包括点、横、竖、撇、捺、提、折和钩。这些基本笔画在遵循一定规则的前提下，能够相互组合形成复合笔画，从而构建出无数形态各异的汉字。

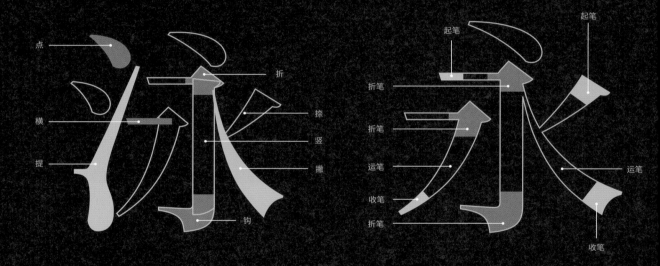

汉字的发展可以根据字形和构成方法划分为三个阶段：古文字阶段、近代文字阶段和现代文字阶段。其中，小篆以前的文字属于古文字阶段，小篆到隶书则属于近代文字阶段，而从草书到黑体则属于现代文字阶段。印刷术的发明为汉字的书写提供了新的输出方式，自此以后，汉字设计的发展方向逐渐分化为书写字体和印刷字体两条路径。

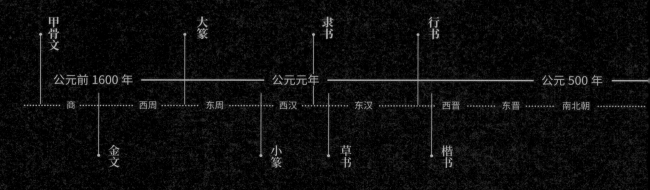

2.1.2 汉字的基本结构

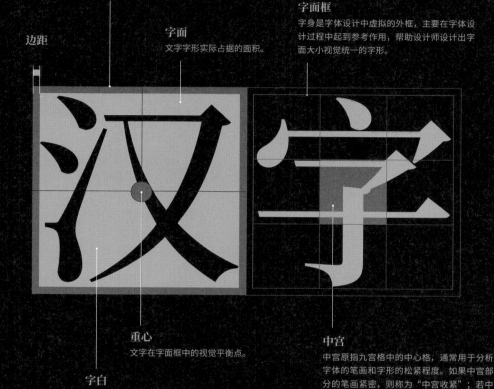

字身框
字身的概念源于铅字，指的是铅字除去顶面刻有字形的部分，即字身截面的外框，称为"字身框"。

边距

字面
文字字形实际占据的面积。

字面框
字身是字体设计中虚拟的外框，主要在字体设计过程中起到参考作用，帮助设计师设计出字面大小视觉统一的字形。

重心
文字在字面框中的视觉平衡点。

字白
笔画之间和周围的空白空间。

中宫
中宫原指九宫格中的中心格，通常用于分析字体的笔画和字形的松紧程度。如果中宫部分的笔画紧密，则称为"中宫收紧"；若中宫部分的笔画稀疏，则称为"中宫放松"。

楷体

仿宋

—— 公元 1000 年 —————————————— 公元 1500 年 —————————————— 公元 2000 年 ——

唐 ┈┈ 五代 ┈┈ 北宋 ┈┈ 南宋 ┈┈ 明 ┈┈ 清 ┈┈ 中华人民共和国

宋体

黑体

◀ 字样：汉仪陈体甲骨文

甲骨文是中国最早的系统文字体系，已经具备了象形、指事、会意、形声等多种造字方式。在结构上，尽管甲骨文的大小和形态各异、错综复杂，但它们都呈现出一种对称而稳定的布局，字形优雅，变化丰富。这些字形犹如绘画作品，既着重于文字笔画的精心安排，又不失素描勾勒物体的写意神韵。

◀ 字样：华康金文

金文是铭刻在殷商和周朝青铜器上的文字，又有"钟鼎文"之称。这一时期的文字代表了汉字艺术发展的首个巅峰，其中融入了众多的象形字及由象形字组合而成的会意字。金文犹如精美的图画，展示了典雅端庄、生动逼真的特质。

◀ 字样：书体坊金文大篆

广义上的大篆包含了甲骨文、金文及六国文字。而在狭义上，大篆特指籀文。其中，石鼓文是大篆的代表性字体，它的结构严谨，笔画均匀，字形逐渐趋于方正，从而摆脱了象形文字的局限，为后来的方块字形奠定了坚实的基础。

小篆

◀ 字样：汉仪篆书

小篆几乎完全突破了象形文字的约束，其笔画实现了彻底的线条化，呈现出粗细均匀的特质，字形偏长，外观圆润且整齐，从而塑造出一种极为美观的方块字体。小篆字体散发出一种庄重肃穆、典雅堂皇的气质，尤其擅长展现传统古文字的典雅韵味。

字样：汉仪大隶 ▶ 隶书

隶书初步确立了构成汉字基本要素的点、横、竖、撇、捺、提、钩、折等笔画特点。其书写效果略显宽扁，笔画由曲变直，横画较长而直画较短。隶书注重"蚕头燕尾"的形态表现，强调一波三折的节奏感，其轻重顿挫之间富于变化，具有很高的艺术欣赏价值。

字样：方正字迹 - 邢体草书 ▶ 草书

草书的笔画连续不断、自由奔放、洒脱不羁，充满了张力和艺术感染力。草书的诞生标志着人们书写达到了极高程度的自由，能够通过笔墨随心所欲地展现个性和抒发情感。然而，由于草书的辨识度和易读性相对较低，通常仅被用作标题或装饰性元素。

字样：方正楷体 ▶ 楷书

楷书借鉴了篆书的圆转笔画特点，同时保留了隶书的方正平直风格。其笔画挺拔、均匀，字形端正，使汉字的结构基本上得以固定。楷书具有良好的辨识度和易读性，因此既适合作为标题用字，也适用于正文排版。

字样：方正字迹 - 朱涛毛笔行书 ▶ 行书

行书字体行云流水，婉约妍美，潇洒自如。其书写流畅，用笔灵活多变，识别性强。在设计中，行书常被用于营造潇洒随性的视觉效果，能够创造出充满人文气息和浪漫情调的氛围，为人们带来愉悦的视觉感受。

2.2.2 书法体的使用场景

书法字体蕴含着深厚的表现力和强烈的艺术感染力,其形态可以潇洒流畅、泼墨自如,也可以清新儒雅、端庄秀丽。其形式多样且丰富,因此被广泛应用在现代设计的各个领域中。

使用设计场景有:**传统、历史、人文、古典、古朴、自然、大气、醒目、动感、激情**

·传统 / 历史

在涉及传统、历史题材的设计中,书法字体能够传达出悠久的历史沧桑感,营造出传统古文字的典雅韵味,为作品增添独特的文化内涵。

·人文 / 古典

在茶、酒等需要体现商品地域文化特色的设计中,书法字体具有浓厚的古典文化气息。书法字体古朴高雅,蕴含着强烈的人文气息。例如,在中式房地产广告中经常使用书法字体来强调中式之美的独特魅力。

·古朴 / 自然

书法字体以其自然朴实的特质，不同于其他印刷字体所带来的冰冷机械感，能够很好地展现自然手工感。它具有强烈的亲和力，因此，在食品行业中也经常可以看到书法字体的应用。

·大气 / 醒目

书法字体作为标题使用时非常醒目，它具备良好的观赏性和设计感，因此，经常被用于促销广告中。书法字体潇洒流畅、泼墨自如的特点，使其具有强烈的视觉冲击力，非常适合用于体现大气磅礴的地产、展览、电影、演出等海报设计中。

·动感 / 激情

书法字体自身带有律动的韵味和强烈的动感，具有强大的视觉张力。因此，在那些需要展现激情、热血、刺激和活力的运动、游戏、舞蹈、音乐和汽车等设计主题中，经常可以看到书法字体的应用。

2.2.3 书法体的使用技巧

在进行书法字排版时，最理想的情况是使用书法家亲自书写的文字，以呈现原汁原味的书法效果。然而，在条件受限的情况下，也可以选择使用字库中的书法字体作为替代方案。

汉仪黄科榜书　　　　　　汉仪仕杰墨榜　　　　　　汉仪尚巍墨游

·文字优化

然而，字库中的许多书法字体往往美观度不够，其中一个主要问题是细节缺失过于严重，无法充分展现书法的飘逸和大气感。因此，我们需要对这些字体进行重新优化处理。一种可行的方法是下载一些笔触素材，在现有书法字体的结构基础上，尽可能地还原原有笔画的笔势，进行笔画的重新组合与拼接。

·错位排版

与印刷字体排版不同，书法字的排版通常不会整齐划一。相反，更多的是考虑字体的结构和笔势。通过调整文字的大小和位置，进行错位编排，让文字呈现出更紧密、更有节奏感的视觉效果。这样的排版方式更能展现书法的独特魅力。

·添加装饰

为了呈现更佳的视觉效果，经常会在书法字中添加英文、印章、纹理等装饰元素。这种做法可以形成大小对比，进一步提升设计感。这样的处理方式有助于强化书法的艺术表现力，并赋予其更丰富的视觉层次。

加入英文和印章让细节更丰富，设计感更强。

添加墨迹加强氛围，让字体更美观。

·增加质感

根据版面风格，填充一些具有质感的纹理素材于书法字体中，可以使文字获得更佳的视觉效果。这样的处理手法丰富了书法的视觉效果，并增强了其艺术表现力。

·最终效果

在此案例中，书法字体作为标题使用，醒目突出，具备良好的观赏性和设计感。同时，它还能够传递出悠久的历史沧桑感，营造出传统古文字的典雅韵味，为作品注入独特的文化内涵。

还可以使用 Photoshop 中的图层样式对字体进行特效处理，使其呈现出沧桑复古、历经艰险磨难的感觉。这样的处理方式能为字体增添更多的情感色彩和历史厚重感。

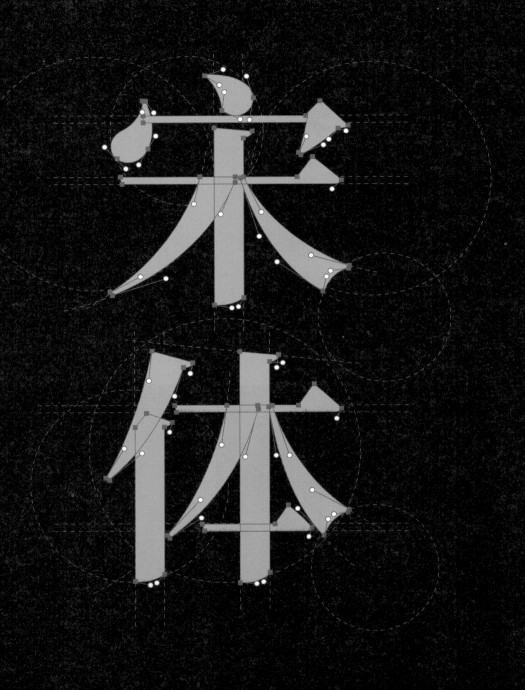

宋体字起源于唐代，经过宋代的发展，在明代成熟并定型，一直沿用至今。它是中国
传统书法艺术与雕版印刷技术完美结合的产物。因此，宋体字不仅具有中国书法艺术
的本质特征和魅力，还兼具雕版印刷及木版刀刻的独特韵味。这样的字体承载着丰富
的历史文化底蕴，展现了中国传统艺术与技术融合的卓越成就。

SONG TI

2.3.2 宋体字笔画造型

字样：思源宋体 Heavy-200pt

宋体字字形方正，结构严谨，笔画横平竖直。在横画的收笔处和笔画的转折处，带有装饰部分（类似拉丁字体中的"衬线"）。宋体字具有极强的笔画规律性，使人们在阅读时能感受到一种舒适且醒目的视觉效果。这种字体设计既保留了书法的艺术性，也增强了文字的可读性。

文化 / 艺术 / 高雅 / 时尚 / 传统 / 历史

宋体因其良好的适应性，被广泛使用。

·雕版宋体字的形成

在印刷术发明之前，书籍需要一字一句地用手抄写，这种方式费时费力且容易出错，而且一次只能抄写出一份。然而，唐代发明的雕版印刷术彻底改变了这种状况，使书籍从手工抄写时代进入了印刷复制时代。这一伟大的发明极大地提高了书籍的生产效率，推动了文化的广泛传播和发展。

·宋朝体

到了宋代，雕版印刷迎来了黄金时代。然而，当时的字体并非我们现在熟知的宋体。在这个时期，人们使用唐代大家的楷书字体作为雕版印刷的入版字体。而且，不同地区的入版字体也存在差异。这种现象反映了当时字体使用的多样性和地域特色，同时也展示了宋代雕版印刷技术的繁荣与发展。

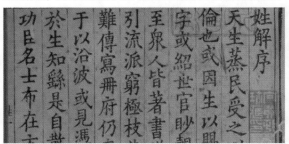

·明朝体

明朝体是中国明代木版印刷中出现的字体，它也是现在大众所认知的宋体的原型。由于这种字体易于雕刻，字形便于走刀，因此能满足当时的印刷需求，从而得以广泛应用和发扬。这种字体的出现，不仅提高了印刷效率，也为印刷字体奠定了基础。

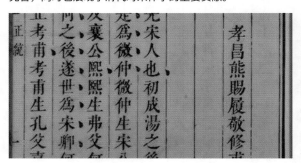

·清代宋体字

在康熙中期以后，逐渐形成了清代的风格，此时的宋体字更加成熟、精致。到了乾隆时期，宋体字大体定型，与现代宋体字基本相同。这一演变过程反映了字体设计的不断进步与完善，同时也展现了清代对宋体字的重要贡献。

综上所述，可以得知，宋体字并非特指宋朝的字体，而是汉字字体中的一种特定风格类别。在日本以及中国港澳台地区，宋体字被称为"明朝体"。这种称呼的差异（即"宋体"与"明体"）主要是由于文化差异所带来的。本质上，它们指的是同一种字体风格。

宋体字承载着中国书法的精髓，同时也开启了汉字规范化、程式化的先河，将汉字的传播速度提升到一个全新的平台。如今，为了适应印刷和电子屏显示的需求，宋体字又进行了一番改造。基于宋体的基础，发展出了许多新颖的字体，这些现代宋体具有鲜明的特点，既保留了传统书法的韵味，又适应了现代社会的需求。这种演变不仅丰富了汉字字体的多样性，也推动了汉字在全球化时代的更广泛传播和应用。

方正仿宋

思源宋体

汉仪瑞意宋

方正清刻本悦宋

字体圈欣意吉祥宋

根据中宫和体饰等特征，可以将宋体大致分为三类：传统型宋体、中间型宋体和现代型宋体。这样的分类有助于我们更好地理解和区分不同类型的宋体，以及它们各自的特点和应用场景。

传统型宋体

中宫较小，线条比较圆润，体饰丰富且带有手写感，体现了传统、文化和历史的韵味。

字样：方正大标宋

中间型宋体

风格中庸，中宫适度放松，体饰带有一定手写感，字面大小均匀，十分易于阅读。

字样：方正书宋

现代型宋体

中宫较大，体饰较少，笔画经过几何化处理，粗细对比强烈。整体风格时尚、现代、精致。

字样：方正风雅宋

笔画较细的宋体具有很强的阅读性，通常用于正文排版；而笔画较粗的宋体则适合用于标题，显得醒目大方。这两种宋体在应用中各展其长，能够满足不同的排版需求。

字样：思源宋体　8点、13点

思源宋体
ExtraLight

笔画较细的宋体具有很强的阅读性，通常用于正文排版
笔画较粗的宋体则适合用于标题，显得醒目大方

思源宋体
Light

笔画较细的宋体具有很强的阅读性，通常用于正文排版
笔画较粗的宋体则适合用于标题，显得醒目大方

思源宋体
Regular

笔画较细的宋体具有很强的阅读性，通常用于正文排版
笔画较粗的宋体则适合用于标题，显得醒目大方

思源宋体
Medium

笔画较细的宋体具有很强的阅读性，通常用于正文排版
笔画较粗的宋体则适合用于标题，显得醒目大方

思源宋体
SemiBold

笔画较细的宋体具有很强的阅读性，通常用于正文排版
笔画较粗的宋体则适合用于标题，显得醒目大方

**思源宋体
Bold**

**笔画较细的宋体具有很强的阅读性，通常用于正文排版
笔画较粗的宋体则适合用于标题，显得醒目大方**

**思源宋体
Heavy**

**笔画较细的宋体具有很强的阅读性，通常用于正文排版
笔画较粗的宋体则适合用于标题，显得醒目大方**

2.3.3 宋体的使用场景

宋体字融合了书法的魅力和雕版印刷及木板刀刻的韵味，字形方正、棱角分明、结构严谨、整齐均匀，展现出良好的适应性。自其诞生以来，宋体字便得到广泛应用，深受人们喜爱。

使用设计场景有：**传统、历史、文化、艺术、典雅、高贵、女性、优雅、时尚、前卫**

·传统 / 历史

传统宋体的笔画结构中保留着手工雕刻的痕迹，这是几百年文化沉淀的结晶。这些特质与字体本身的特性相结合，使宋体在涉及传统、历史题材的设计中，能够展现一种古朴的传统文化韵味。这种独特的美感，也使宋体在传统文化的设计应用中占据了不可替代的地位。

·文化 / 艺术

宋体的字体风格独具特色，因为它既保留了自然书写的痕迹，又融入了精致的装饰性美感。这使宋体在文化、艺术等题材的运用中，透露出强烈的人文情怀，充满了浓厚的文艺气息。这种字体巧妙地将传统与现代元素相结合，为设计作品注入了深厚的文化底蕴和艺术韵味。

·典雅 / 高贵

宋体字的结构方正、平稳，呈现出对称均衡的特点，整体上给人一种端庄典雅、舒展大气的感受。因此，在需要体现高端、雍容、典雅、华丽的设计中，宋体字常被优先考虑。其独特的字体风格能够出色地展现设计的尊贵与高级感，为作品增添独特的魅力。

·女性 / 优雅

宋体在工整中透露出浓厚的人情味，韵味感十足，精致美感出众。其独特之处在于融入了几分女性的温柔与优雅气质，使其在众多与女性相关的设计中，成为备受青睐的字体。这种字体不仅能完美展现女性的柔美与高雅，更适用于各类需要传递温馨、亲切氛围的设计场景。

·时尚 / 前卫

现代宋体的笔画展现出几何化的结构特点，相较于传统宋体所富含的温情韵味，现代宋体的风格显得更为冷峻和简洁。其细腻之处透露着时尚前卫的设计风格，深受年轻人喜爱，同时给人留下深刻的印象。这种创新型宋体字体，在保留传统宋体基本特点的基础上，巧妙地融入了现代设计元素，从而呈现出一种新颖的视觉体验，更贴近现代人的审美趣味。

2.4 黑体

2.4.1 认识黑体

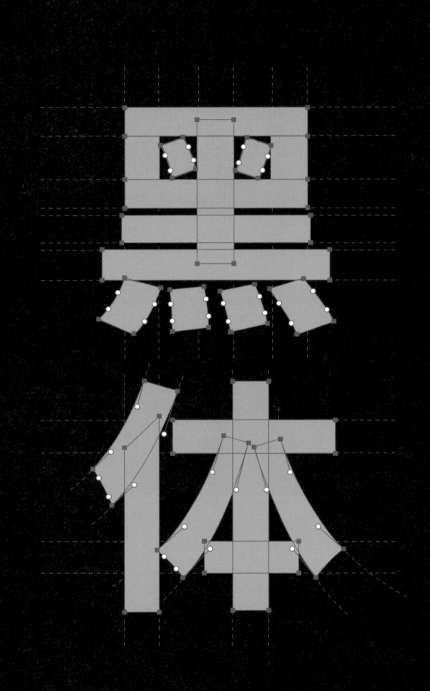

在现代印刷术传入东方后，汉字的黑体得以创造，其灵感来源于西文的无衬线体。在中文的语境中，我们将没有衬线的字体统称为"黑体"。

黑体是对字形端正、笔画横平竖直且等粗类字体的统称。

黑体的范畴和西文无衬线字体（Sans-serif）是类似的。

HEI TI

2.4.2 黑体字笔画造型

字样：思源黑体 Heavy-150pt

黑体的笔画在粗细度上基本保持一致，这种字体笔画粗壮而有力，撇捺等笔画并不尖锐，从而提高了易读性。整体上，黑体的造型风格简洁明快，给人一种现代、大气、有力的视觉印象。

正式 / 严谨 / 现代 / 科技 / 醒目 / 力量

黑体可说是目前使用最广泛的中文字体

根据黑体的骨架结构、笔画粗细等特点，可以大致将黑体分为传统型黑体、中间型黑体和现代型黑体三类。这样的分类有助于我们更好地理解和应用不同类型的黑体字体。

传统型黑体

中宫紧凑，笔画粗细变化显著，笔画端口有喇叭口形状的装饰，赋予字体强烈的复古感和怀旧人文感。

字样：方正黑体

中间型黑体

笔画有轻微的修饰，中宫偏大，风格介于传统型和现代型之间。

字样：中易黑体

现代型黑体

简洁的几何线条，中宫偏大，具有良好的识别性，整体风格简明有力，充满机械感和现代感。

字样：思源黑体

黑体最初只有一种笔画粗细，由于汉字的笔画繁多，导致在小字号下其清晰度受到影响，因此，黑体最初主要被应用于标题设计。随着制字技术的不断发展与精进，黑体逐渐演化出了不同字重和宽窄的字形，这极大地扩展了黑体的应用范围。现在，黑体已经能够胜任标题、内文，以及注释等文本类型的设计需求。

字样：思源黑体　8点、13点

思源黑体
ExtraLight

黑体逐渐演化出了不同字重和宽窄的字形
这极大地扩展了黑体的应用范围

思源黑体
Light

黑体逐渐演化出了不同字重和宽窄的字形
这极大地扩展了黑体的应用范围

思源黑体
Normal

黑体逐渐演化出了不同字重和宽窄的字形
这极大地扩展了黑体的应用范围

思源黑体
Regular

黑体逐渐演化出了不同字重和宽窄的字形
这极大地扩展了黑体的应用范围

思源黑体
Medium

黑体逐渐演化出了不同字重和宽窄的字形
这极大地扩展了黑体的应用范围

思源黑体
Medium

黑体逐渐演化出了不同字重和宽窄的字形
这极大地扩展了黑体的应用范围

思源黑体
Heavy

黑体逐渐演化出了不同字重和宽窄的字形
这极大地扩展了黑体的应用范围

尤其在 20 世纪末，随着计算机和互联网的普及，黑体字的价值进一步凸显。黑体字简洁的笔画特征与电子屏幕显示特性相吻合，使其成为当今各种屏幕媒介中，最具发展前景的字体之一。黑体的高度统一性可以降低字体本身对眼睛的刺激，使观者更专注于文字所传达的内容。因此，黑体特别适合用于大段文字的排版。

在正文中，字体的"读"功能性尤为关键。选择黑体作为正文字体可以让观者在轻松舒适的环境中阅读，更加聚焦于文字所表达的思想。此外，各大字库纷纷推出各具特色的黑体字体，如思源黑体、阿里巴巴普惠体、OPPO Sans、HarmonyOS Sans 和 MiSans 等，均为免费商用字体。这些丰富的字体资源为设计师提供了广阔的选择空间。

思源黑体

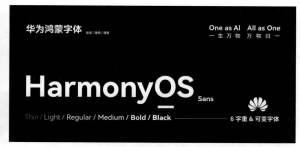

HarmonyOS Sans

黑体作为标题字体无疑是首选，其卓越的识别性、广泛的适用面，以及出色的视觉效果都使其脱颖而出，即便是新手也能轻松驾驭。然而，黑体的主要缺陷在于其缺乏个性，如果不巧妙运用，可能会导致设计显得平淡无奇。因此，在进行标题排版时，设计师经常会选择与黑体风格相近的创意字体作为替代品。

创意字体通过对汉字的笔画和结构进行创新性的调整，提供新颖的视觉体验。它们醒目，具有强烈的装饰性和视觉冲击力，能迅速吸引观者的眼球，精确传递美感，并体现设计理念。这类字体非常适合应用于标题、促销语、广告语等需要突出视觉效果的场合。

版式攻略 —————— 优设标题黑

版式攻略 —————— 快看世界体

版式攻略 —————— 创客贴金刚体

版式攻略 —————— 庞门正道标题体

版式攻略 —————— 标小智无界黑

版式攻略 —————— Alimama ShuHeiTi
阿里妈妈数黑体

版式攻略 —————— 荆南缘默体

版式攻略 —————— 字魂扁桃体

版式攻略 —————— Aa 厚底黑

版式攻略 —————— 字制区喜脉体

2.4.3 黑体的使用场景

简洁和规矩的黑体在气质上并不具有太强烈的个性，但其适用范围广泛，可塑性极强。通过字形的变化，黑体可以表现出不同的气质，满足各种设计要求。

使用设计场景有：**现代、科技、醒目、冲击力、正式、严谨、浑厚 、力量、高雅、精致**

·现代 / 科技

黑体简洁干练，其几何化结构的笔画特征呈现出强烈的现代感。因此，它非常适合表现与科技、未来相关的情景，如电子、科技、互联网等行业的设计项目。

·醒目 / 冲击力

较粗的黑体显得强壮有力，十分醒目，并且具有很强的视觉冲击力。因此，它常用于促销页面和口号式的标题，配上粗黑体才能让这些设计元素更加有力量感。

·正式 / 严谨

黑体是一种极具理性风格的字形，其没有明显的情绪导向，给人一种中立客观的印象。因此，它适用于各种正式、严谨，以及需要体现安全信赖感的场景，如政府、企业、医疗行业等。

·浑厚 / 力量

粗黑体浑厚稳重，充满力量感，非常适合运用在运动、工业、游戏等设计领域。此外，粗黑体还具有男性倾向，因此常用在体现男性产品的设计中。

·高雅 / 精致

笔画较细的黑体结构清晰，没有过多的装饰，呈现出简约、高雅而精致的风格。这种黑体具有明显的女性特点，因此特别适合运用在服装、化妆品等行业。

圆体由黑体演变而来，在笔画的拐角处和末端呈现圆弧状。圆体不仅继承了黑体的端正有力、饱满充实、清晰易读的优点，同时给予了人们圆润亲切的感觉，显得温润柔和、新颖活泼。

YUAN TI

2.5.2 圆体字笔画造型

字样：江城圆体 500W-200pt

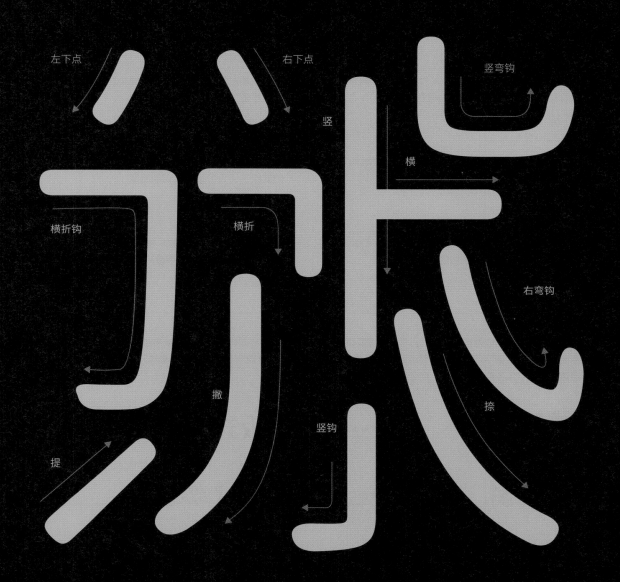

圆体笔画的末端圆润，给人一种易于亲近的印象。随着笔画的粗细变化，圆体字的气质也会随之改变。细笔画的圆体显得比较成熟稳重，而粗笔画的圆体字则给人可爱、幼稚的印象。

可爱 / 轻松 / 休闲 / 趣味 / 舒适 / 亲切

运用在体现亲和力的设计中有着极佳的表现力

字样：方正兰亭圆

方正兰亭圆纤
圆体不仅继承了黑体的端正有力、饱满充实、清晰易读的优点
同时给予了人们圆润亲切的感觉

方正兰亭圆细
圆体不仅继承了黑体的端正有力、饱满充实、清晰易读的优点
同时给予了人们圆润亲切的感觉

方正兰亭圆
圆体不仅继承了黑体的端正有力、饱满充实、清晰易读的优点
同时给予了人们圆润亲切的感觉

方正兰亭圆准
圆体不仅继承了黑体的端正有力、饱满充实、清晰易读的优点
同时给予了人们圆润亲切的感觉

方正兰亭圆中
圆体不仅继承了黑体的端正有力、饱满充实、清晰易读的优点
同时给予了人们圆润亲切的感觉

方正兰亭圆粗
圆体不仅继承了黑体的端正有力、饱满充实、清晰易读的优点
同时给予了人们圆润亲切的感觉

方正兰亭圆中
圆体不仅继承了黑体的端正有力、饱满充实、清晰易读的优点
同时给予了人们圆润亲切的感觉

方正兰亭圆粗
圆体不仅继承了黑体的端正有力、饱满充实、清晰易读的优点
同时给予了人们圆润亲切的感觉

圆体和卡通字体的气质较为接近，因此，它们在需要体现亲和力的设计中表现出色，例如儿童用品、宠物类产品、休闲食品、家居用品等。运用这些字体，往往能够达到画龙点睛的效果，增添一份活泼与趣味。各大字库也开发了许多各有特色的圆体和卡通体，这些字体各具独特魅力，为设计者提供了丰富的选择。

版式攻略 ———— 优设好身体

版式攻略 ———— 小可奶酪体

版式攻略 ———— 站酷庆科黄油体

版式攻略 ———— 包图小白体

版式攻略 ———— 问藏书房

版式攻略 ———— 荆南波波黑

版式攻略 ———— 千图小兔体

版式攻略 ———— 庞门正道轻松体

版式攻略 ———— 仓耳小丸子

版式攻略 ———— 站酷快乐体

2.5.3 圆体、卡通体使用场景

在设计时，主标题一般可以选择具有装饰性的卡通字体，以便快速吸引受众的注意。而对于其他信息，可以选择结构清晰、笔画简洁的圆体进行搭配，以确保文字的易读性和阅读的便利性。

·舒适 / 亲和力

圆体温润柔和的笔画，给人安全舒适的感觉，同时具有很好的亲和力，因此，常用于母婴产品的题材中。

·女性 / 时尚

由于其笔画方中有圆，这种字体兼具年轻活力和女性的温柔气质，能够很好地传达时尚感。因此，它也深受潮流、时尚类型设计的偏爱。

·天真 / 可爱

圆润的圆体和活泼的卡通体充满童趣，能够营造出天真、可爱的氛围，非常适合运用在与宠物和儿童相关的产品设计上。

·轻松 / 休闲

笔画轻松自然的圆体和卡通体，呈现出轻松惬意的氛围，经常运用于食品、游戏等设计中，以营造轻松休闲的感觉。

·趣味性

卡通体具有灵活多变、随性自由的字形结构，充满趣味性，非常适合用于体现活泼、热闹、趣味性较强的设计中。

3 - 西文字体

对于设计师而言，熟练掌握各种字体的特征和使用方法是一项基本功。除了深入了解各种经典的中文字体，理解和学会如何使用经典的英文字体也显得尤为重要。英文字体种类繁多，除了最常用的衬线体（Serif）和无衬线体（Sans Serif），还有许多其他类型的字体，例如哥特黑体（Blackletter）、手写体（Script）等。

升部线
升部线位于顶端，它表示有升部的字母上延笔画
的最高点，用于限定字母升部的高度。

上凸下沉
"上凸下沉"是一种视觉补正手段，它涉及大写字母的字高
上面或基线下面的延伸部分，以及小写字母的 x 字高上面
或基线下面的延伸部分。通过这种调整，圆形或含尖角的
字母在视觉上与平顶或平底的字母大小相同。

降部线
降部线位于底端，它标识有降部的字母下延笔画
的底点，用于限定字母降部的高度。

顶角
顶角是两条倾斜笔画相交处
的最外点。

字喙
字喙是位于字母字臂尾端上
的喙形装饰性笔画。

倒钩
倒钩是位于某些弯曲笔画上尖
锐的、突起的衬线。

升部线

大写字高

AEQSO

降部线

字干
字干是指字母中主要的垂直
笔画线。

字腔
字腔是指笔画包围的内部区
域，它分为全包围和半包围
两种类型。

横杠
横杠是连接两个笔
画的横线。

字尾
字尾是指向下斜出的短笔画。

衬线
衬线是指附着于主要笔画尾
端的装饰性笔画或短线。

大写字高
大写字高是指大写字母主体的高度，具体是
从基线到大写字母顶部的高度。

重心线（轴线）
重心线是一条假想线，穿过字母笔画最细的
部分。它是字形笔画粗细过渡的标志，对于
字体的平衡和视觉效果有重要的影响。

3.1 拉丁字母的构造及各部位名称

字样：Times New Roman

降部
降部是指小写字母中低于基线的部分。

升部
升部是指小写字母中高于 x 线的部分。

x 线（小写字母线、主线）
x 线是小写字母 x 的字高顶端，它决定了无
升部或降部的小写字母的字体高度。

末端
末端是指笔画末端的弯
曲部分。

字耳
字耳是指附着于字母字碗或者主
干上延伸出来的小笔画。

字碗
字碗是指完全或部分环绕字
母的字腔笔画。

x 线

X 字高

基线

字腿
字腿是指向下的斜笔画。

字肩
字肩是指与垂直字干，并相
连的曲线转折部分。

基线
基线是指同一款字体里，大多数字母
底部共同所处位置的基准线。

字环
字环是指部分或完全闭合
区域的弯曲笔画。

x 字高（小写字高）
x 字高是指小写字母的主体高度，用没有上下延
伸部分的 x 作为小写字母的代表。

3.2 衬线体

衬线体的特点在于其具有爪形的衬线，并且笔画粗细有所变化。按照历史发展顺序和字体风格特点，衬线体大致可以分类为：古罗马体（Old Roman）、旧风格体（Old Style）、过渡字体（Transitional）、现代体（Modern）。

3.2.1 衬线体基本结构特征

衬线和笔画有明显弧度和书写痕迹

线条呈笔直形状，衬线圆润

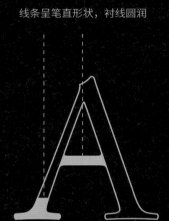

粗细对比较小

倾斜明显

粗细对比较大

倾斜变小

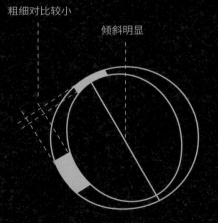

字样：Centaur

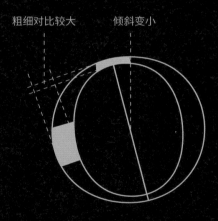

字样：Garamond

古罗马体
—— Old roman ——

旧风格体
—— Old style ——

古罗马体和旧风格体是类似手写的衬线体，这类字体在书写时笔尖会留下固定倾斜角度的书写痕迹，例如在字母 O 的较细部分，连线是倾斜的。

线条笔画呈现笔直形状，
而衬线则趋于几何化曲线。

笔直的线条、几何特征明显、极细的
衬线，构成了这种字体的独特风格。

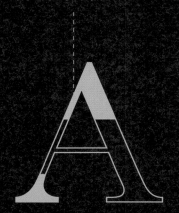

粗细对比强烈、垂
直的轴线，是这种
字体的显著特点。

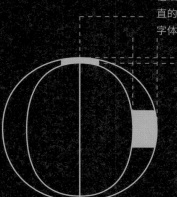

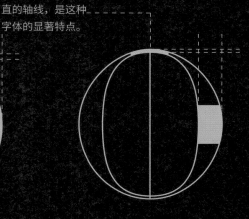

字样：Baskerville

字样：Didot

过渡体
Transitional

现代体
Modern

过渡体和现代体的比例严谨，没有手写痕迹，字母 O 的较细部分连线是垂直的。
这些特点体现了明快的现代感，给人留下冷峻、机械的印象。

3.2.2 古罗马体

源于古罗马时期的碑文字体，出现的时间大约在公元前 1 世纪。其笔画粗细的对比并不强烈，但字母宽度的差异明显。它给人一种庄严、充满历史感的感觉，并具有优雅的贵族气质。一般运用在古典、经典、史诗、具有高级感的设计中，为作品增添一种深厚的历史底蕴和高端的氛围。

代表性字体

TRAJAN （图拉真）
Centaur （半人马体）
......

字样：Trajan

Trajan（图拉真）字体继承了古罗马字形的特点和比例特征，展现出史诗般正统的风格，传达出古典的传统感和非常经典的气质。值得注意的是，由于罗马时代尚未使用小写字母，因此，Trajan 字体全部都是大写字母。这种字体通常被应用于需要展现权威、庄重、古典氛围的设计中，其独特的字形特点和历史背景为设计作品增添了浓厚的文化底蕴。

3.2.3 旧风格体

旧风格体去掉了很多手写特征，但字母 O 的较细部分连线依然是倾斜的。与此同时，字母的宽度差异较小，笔画粗细的过渡也相对缓和，使字体的比例看起来更加均衡，易于阅读。因为这种字体既保留了传统衬线体的一些特点，又进行了一定的简化和优化，所以它常用于复古、传统、文艺、优雅的设计中，能够很好地表现出这些设计风格的特点和氛围。

代表性字体

Garamond （加拉蒙）
Times New Roman （时代新罗马体）
......

字样：Adobe Garamond

Garamond（加拉蒙）字体优美清晰、雅致庄重，圆弧形的衬线过渡自然流畅，给人一种优雅而高贵的感觉。事实上，Garamond 不仅是一种特定的字体，它更是一类西文衬线字体的总称，也是旧衬线体的代表性字体。其字形特征具有流动性和一致性，而最富特征的是小写字母 a 的小钩和字母 e 的小孔，以及高字母和顶端衬线的长斜面。

3.2.4 过渡体

最早出现在 18 世纪中叶，由于在风格上处于现代体和旧体之间，因此得名"过渡体"。这种字体几乎完全抛弃了手写特征，例如字母 O 的较细部分连线不再倾斜，笔画宽度的反差较大。此外，衬线几何化为十分规则的曲线，整体看起来干脆利落，这些特点使过渡体具有一种现代且简洁的视觉效果。

代表性字体 ——————————————

Baskerville （巴克斯维尔体）

Caslon （卡斯隆）

· · · · · ·

字样：Baskerville ——————————▶

Baskerville（巴克斯维尔）是一款诞生于英国，但最先在美国流行的字体。其设计优雅细致，字腿笔直，衬线左右对称，末端呈球形，给人一种古典、高贵的感觉。长久以来，Baskerville 被视为经典，正是因为这种贵族的气质，许多高端品牌经常选择 Baskerville 字体作为品牌标准字。此外，它还非常适合阅读，曾是早期美国政府的官方公文字体。这款字体无疑在设计和排版领域都有着重要的地位和应用价值。

3.2.5 现代体

现代体出现在 18 世纪末，其特点包括极细的线衬，以及更强烈的笔画粗细对比。这种字体风格展现出一种锐利的工业感，同时也保留了传统的衬线元素，使其整体看起来现代而优雅。然而，大部分现代衬线体的可读性不如旧风格体和过渡体，因此常作为标题字体使用。

代表性字体 ——————————————

Bodoni （波多尼体）

Didot （狄多）

· · · · · ·

字样：Didot ——————————————▶

Didot（狄多）字体代表了衬线体现代风格的顶峰，它的出现不仅是对传统衬线体的一种继承，更是一种革新。Didot 字体完全摒弃了手写的痕迹，其笔画工整笔直，具有强烈的粗细对比和水平无括弧的细衬线。这种设计既符合现代的简约几何造型审美，又继承了古典衬线体的特点。因此，Didot 字体时尚、现代且优美，被当今时尚行业广泛应用。

3.3 无衬线体

无衬线体抛弃了装饰性的衬线，只剩下字母的主干部分，主要由几何线条构成。其笔画线条笔直，几乎没有粗细的变化，呈现出简洁醒目、识别性高的特点。

3.3.1 无衬线体基本结构特点

字母 g 的双层写法

部分倾斜的末端

笔画粗细对比

字样：Franklin Gothic

水平或垂直的末端

等宽的笔画

字样：Helvetica

复古无衬线体
—— Sans serif ——

复古无衬线体字体保留了手写体的某些特征，例如笔画粗细的对比以及部分倾斜的末端等。

现代无衬线体
—— New sans serif ——

现代无衬线体字体具有机械化结构，字母的宽度基本相同，笔画笔直且没有额外的装饰，整体看起来简洁而醒目。

无衬线体大致可以分为四类：复古无衬线字体（Sans serif）、现代无衬线体（New sans serif）、人文无衬线体（Humanist），以及几何无衬线体（Geometric）。

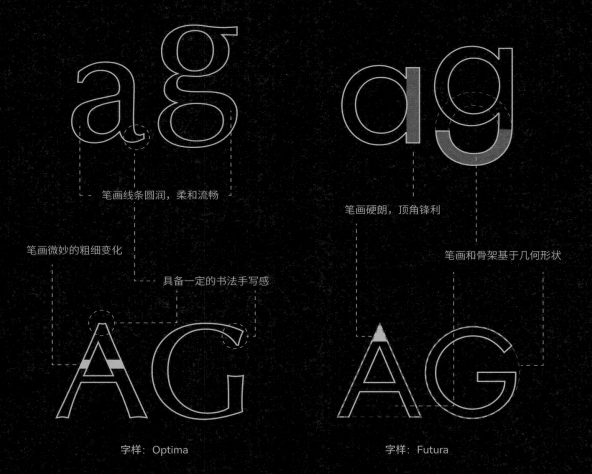

笔画线条圆润，柔和流畅

笔画微妙的粗细变化

具备一定的书法手写感

字样：Optima

笔画硬朗，顶角锋利

笔画和骨架基于几何形状

字样：Futura

人文无衬线体
— Humanist Sans serif —

人文无衬线体字体由具有书法特征的衬线字体演变而来，其笔画具有微妙的粗细变化。

几何无衬线体
— Geometric sans serif —

几何无衬线体的笔画和骨架基于几何形状设计，透过鲜明的直线和圆弧来展现几何图形的美感。

3.3.2 复古无衬线体

复古无衬线体是指早期的旧式无衬线字体，其特点包括粗犷的字形架构、明显的笔画粗细对比，以及字母 G 通常带有字刺、字母 g 采用双层写法等。由于这些字体的视觉效果较为鲜明，通常只会在标题或者大尺寸的场合使用，适合应用于男性、复古、强烈等风格的设计中。这种字体的独特气质，能够很好地表达复古感和力量感，为设计作品增添个性。

代表性字体

Franklin Gothic （富兰克林哥特）

Monotype Grotesque （蒙纳怪诞）

· · · · · ·

字样： Franklin Gothic ⟶

Franklin Gothic 字体在垂直与弧形笔画的交界处会略显细腻，字母笔画的宽度呈现微妙的对比。其笔画粗犷有力，展现出男性化的气质，非常适合表达强有力的情绪，因此常被用作招贴海报的字体。

3.3.3 现代无衬线体

现代主义主张，字体仅是传递信息的媒介，简洁明了的字体能够更准确地传递信息，这比视觉效果和风格更重要。因此，在现代无衬线体的设计中，遵循了这一设计理念，笔画的粗细保持均衡，字形的架构严谨，保持中性，没有情绪的导向，使其适合作为正文字体使用。

代表性字体

Helvetica （赫尔维蒂卡）

Univers （尤尼沃斯）

DIN （德国标准体）

· · · · · ·

字样： Helvetica Now Display ⟶

Helvetica 是全球使用频率最高的字体，其在设计上达到了近乎完美的中性，非常符合实用主义的理念。其结构严谨，没有繁复的装饰性元素，因此具有很高的识别度。

3.3.4 人文无衬线体

人文无衬线体的线条柔美，带有一定的手写风格。尽管没有衬线，但其笔画呈现出装饰性的粗细变化，成功展现了现代人文气息。其骨架和比例继承了罗马碑文的古典结构，能够传递出优雅且高级的感觉。

代表性字体

Optima（奥普提玛）

Gill sans（吉尔无衬线体）

……

字样：Optima

Optima 字体虽无衬线，但在竖画部分设计了微妙的粗细变化，既具有现代感，又不失历史底蕴，传达出高端优雅的气质。因此，它被众多高端奢侈品牌选为标准字体。

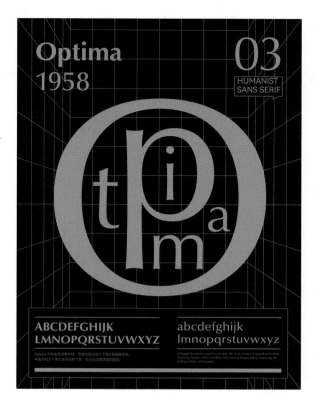

3.3.5 几何无衬线体

几何无衬线字体（Geometric）是遵循几何形式制作的字体，其特点在于拥有如尺规制作图般干净利落的线条和圆弧，展现出强烈的几何美感和现代时尚感。

代表性字体

Futura（富图拉）

Avenir（艾维尼尔）

……

字样：Futura

Futura 字体受到现代主义包豪斯运动的深刻影响，其字体设计主要采用垂直和水平的硬朗笔画，并依赖几何形状来确定结构，同时运用数学计算来确定尺寸。Futura 字体的个性鲜明独特，为了维持其设计感，字母 j 和 t 的尾部被省略，字母 a 和 g 采用单层结构。然而，这种设计在一定程度上影响了其可读性，因此并不适合用于内文排版。

3.4 粗衬线体

粗饰线体，也被称为"平板衬线体"。这类字体具有更大、更厚的衬线，可以被视为在无衬线字体上增加了大号的衬线。然而，从视觉特征上来看，它仍然是一种衬线体。

粗饰线体透露出浓厚的工业机械气息，其外观粗犷、方正，字幅通常较宽，衬线厚重，非常引人注目，充满了强烈的视觉冲击力。由于其可读性和醒目性，粗饰线字体广泛适用于报刊、杂志和广告的标题，同样也适合展现复古潮牌的风格。

代表性字体 ————

Clarendon （克伦登）
Rockwell （洛克威尔）
······

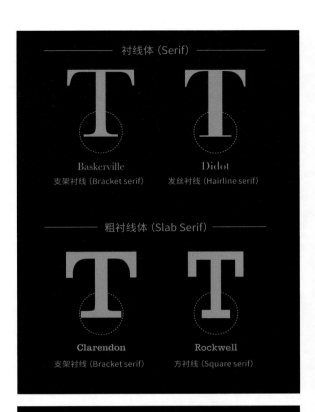

衬线体（Serif）

Baskerville
支架衬线（Bracket serif）

Didot
发丝衬线（Hairline serif）

粗衬线体（Slab Serif）

Clarendon
支架衬线（Bracket serif）

Rockwell
方衬线（Square serif）

字样：Clarendon ————————➤

Clarendon 是粗衬线体的原型，其最显著的特征是对比强烈的括弧支架衬线。该字体的结构简洁单纯，外观十分厚重，与加粗的罗马体颇为相似。因其简洁而经典的形式，Clarendon 至今仍然经常被用于字典或需要醒目突出的标题中。

Clarendon （克伦登）

ABCDEFGHIJK
LMNOPQRSTUVWXYZ
abcdefghijk
lmnopqrstuvwxyz
1234567890

粗衬线体（Slab Serif）

字样：Rockwell ————————➤

Rockwell 字母的形状与无衬线体非常相似，笔画的粗细几乎没有明显差别。它用短杠代替了字脚，给人一种强烈的粗犷、笨拙的印象。因此，Rockwell 很适合用作展示字体，能够吸引人们的注意力并产生独特的视觉效果。

Rockwell （洛克威尔）

ABCDEFGHIJK
LMNOPQRSTUVWXYZ
abcdefghijk
lmnopqrstuvwxyz
1234567890

粗衬线体（Slab Serif）

3.5 哥特黑体

从 13 世纪开始，欧洲文字受到哥特艺术风格的影响，兴起了哥特黑体。这种字体具有棱角分明的独特造型和华丽的书写风格，散发出中古时代的浪漫气息和宗教神秘感。

哥特黑体的代表特征包括菱形、尖刺、几何元素与笔画相融合的形态等，展现出极强的装饰美感，并能传达出神秘、庄严的氛围。然而，这种字体的字形古旧、复杂，不利于整体阅读，甚至难以辨认。因此，哥特黑体多用于装饰性排版或图形设计，在某些特殊主题的设计中的恰当运用，可以起到画龙点睛的作用。

代表性字体

𝔚𝔞𝔩𝔟𝔞𝔲𝔪 𝔉𝔯𝔞𝔨𝔱𝔲𝔯
𝔈𝔫𝔤𝔯𝔞𝔳𝔢𝔯𝔰 𝔒𝔩𝔡 𝔈𝔫𝔤𝔩𝔦𝔰𝔥
……

3.6 手写体

手写体是一种为展现手写文字风格而设计的字体。这种字体模仿手写连笔字母的样式，强调书写的速度以及用笔的跌宕起伏，使线条流畅且变化丰富。

与刻板的印刷体不同，手写体展现出更加自由舒展、潇洒俊逸的特性。在给人以正式、传统感的同时，也散发出浪漫、优雅和高贵的气质。

代表性字体

Zapfino（察普菲诺）在造字过程中注重高辨识度与优美的统一。尽管它是手写体，但其装饰部分已经被极度简化。因此，它常被应用于既要求品位又相对休闲的设计中。

Shelley Script 是一款源自英国的非常经典的手写字体。其三款字形分别模仿音乐的速度术语，被命名为 Andante（行板）、Allegro（快板）和 Volante（飞板）。这三款字形各有特点，但在保持手写风格的同时，都展现了优雅与流畅。

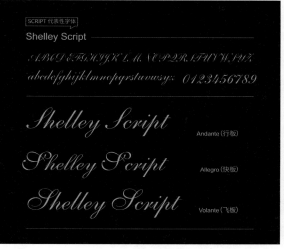

3.7 中文字体知识点总结

字体类别		特点	使用场景
书法体	甲骨文、篆书	识别性弱，多作为装饰图形使用，能营造传统古文字的历史感和典雅韵味	传统历史、古典文化、古朴高雅、潇洒大气、热血动感、促销……
	隶书、楷书	字形端正，识别性和易读性较好，标题用字或正文排版都可以胜任	
	行书、草书	充满动感，潇洒随性，多用于标题设计	轻松、亲和力、浪漫、优雅、亲切感……
	现代手写体	具有手写的亲切感	
宋体	传统型宋体	中宫较小，体饰多且具有手写感，线条比较圆润	传统历史、文化艺术、古典、高贵……
	中间型宋体	风格中庸，易于阅读	
	现代型宋体	中宫大、体饰少，笔画经过几何化处理，粗细对比强烈	女性、优雅、时尚、前卫……
黑体	粗黑体	醒目、力量感，多作为标题使用	现代科技、正式严谨、工业、男性特征……
	细黑体	识别性好，正文编排首选字体	简约、高雅、精致、女性特征……
圆体		字形端正、饱满充实、清晰易读、圆润、亲切	舒适、亲和力、女性、时尚……
卡通体		灵活多变的字形结构，轻松自然的笔画	天真可爱、轻松休闲、趣味性……

3.8 西文字体知识点总结

字体	类型	代表性字体	特点	风格
衬线体 Serif	古罗马体 - Old roman	Trajan、Centaur……	具有书写痕迹, 强调线倾斜, 适合长文阅读; 笔画粗细对比不强烈, 字母宽度差异明显	庄严、古典、经典、史诗
	旧风格体 - Old style	Garamond、Times New Roman……	字母宽度差异较小, 笔画粗细过渡较缓	复古、传统、文艺、优雅
	过渡字体 - Transitional	Caslon、Baskerville……	比例工整, 笔画对比强烈, 强调线垂直; 笔画宽度的反差较大, 衬线比较利落干脆	风格处于旧体和现代体之间
	现代体 - Modern	Didot、Bodoni……	极细的衬线, 强烈的笔画粗细对比	现代、时尚、高级、奢华
	粗饰线体 - Slab Serif	Clarendon、Rockwell……	外观粗大方正, 具有更大更厚的衬线	醒目、复古、潮流
无衬线体 Sans Serif	旧无衬线体 - Sans serif	Franklin Gothic、Monotype Grotesque……	明显的笔画粗细对比, 字母 G 带有字刺, 字母 g 的双层写法等	粗犷、醒目、力量感
	新无衬线体 - New Sans serif	Helvetica、Univers、DIN……	笔画粗细均衡, 字形架构严谨, 没有情绪导向, 很适合作为正文字体	中性、正式、稳重
	人文无衬线体 - Humanist	Optima、Gill Sans……	具有一定的手写味道, 笔画有装饰线的粗细变化	人文、优雅、高级
	几何无衬线体 - Geometric	Futura、Avenir……	遵循几何形式来制作的字体, 有着尺规作图一般干净利落的线条和圆弧	现代、时尚
哥特体 Black-letter		Duc De Berry、Walbaum Fraktur……	菱形、尖刺、几何元素与笔画融合的形态等, 具有极强的表饰美感	神秘、庄严、高贵
手写体 Script		Zapfino、Snell Roundhand、Shelley Script……	模仿手写连字母样式, 线条流畅、变化丰富	浪漫、优雅、高贵

LAYOUT
STRATEGY
版式攻略

文字篇

FONT

Chapter 02——

字体选择

在上一章中，我们分析了中文"黑体""宋体""圆体""书法体"在各种设计案例中的使用效果。在了解不同字体的风格特点后，我们可以根据目标受众、项目调性、行业属性等因素来确定合适的字体类型，并从所选的字体类型中挑选特定的字体。这样的选择过程能够确保字体与项目需求相匹配，从而达到最佳的视觉效果和文字传达效果。

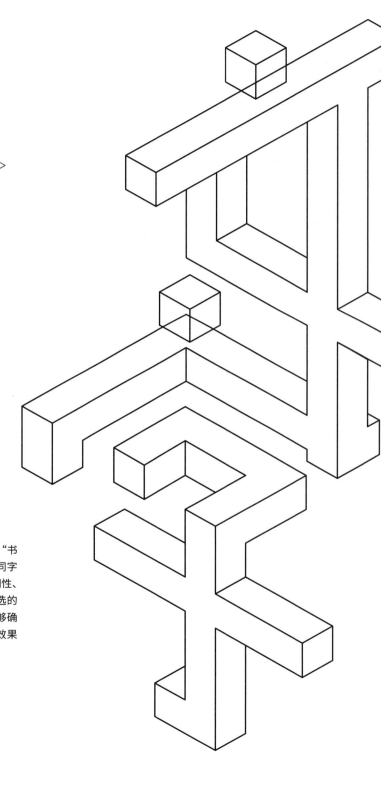

1- 影响字体选择的因素

1.1 项目调性

字体在版面设计中起着传递气质的重要作用。在确定标题字体之前，了解项目的调性至关重要。只有明确了项目的调性，我们才能根据具体的设计风格选择相应类型的字体。

为了帮助大家更好地理解字体选择的优先级，我们通过图表列举了一些常见的项目调性及其对应的字体选择建议。这个图表将项目调性和字体类型进行匹配，为大家提供了一个清晰的指导，确保字体选择与项目需求保持一致，实现最佳的设计效果。通过参考这个图表，大家可以更加明确在不同项目调性下，应该优先考虑哪些类型的字体，从而更准确地传达设计意图和项目气质。

外圈：优先使用 / 中圈：可以使用 / 内圈：几乎不用

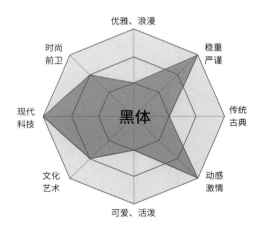

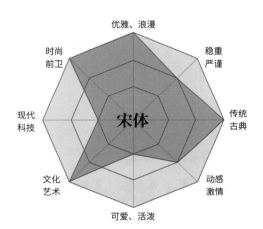

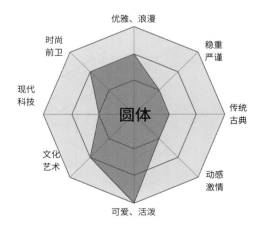

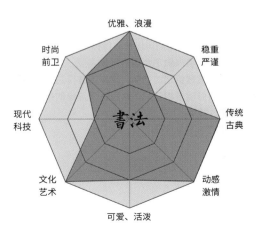

字体和人一样，拥有各异的外部特征，同时也会散发出独特的内在气质。身为设计师，我们必须深入了解每种字体的特性，包括其形式、结构，以及所传递的氛围和情感。只有这样，我们才能在字体选择时做出准确且符合设计目标的判断。

1.2 行业属性

每个行业和商品类别都具有独特的气质和特性，这使字体选择成为设计中至关重要的一环。不同的字体带有不同的风格和氛围，因此选择的字体需要与行业属性相吻合，以确保传递出准确且符合行业气质的信息。

为了帮助大家更好地了解字体选择的优先级，我们通过图表列举了一些常见行业及其相应的字体选择建议。这个图表将各个行业与适合的字体类型进行匹配，作为设计时的参考依据。通过参考这个图表，你将能够更准确地选择与行业属性相符合的字体，为设计作品增添专业性和精准度。记住，正确的字体选择能够强化品牌形象，提升信息传达效果，因此务必仔细考虑目标行业的特点和需求。

> 外圈：优先使用 / 中圈：可以使用 / 内圈：几乎不用

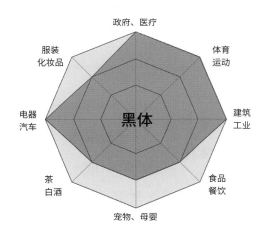

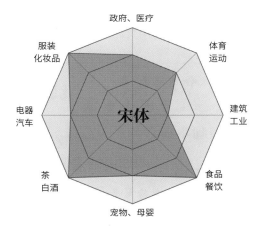

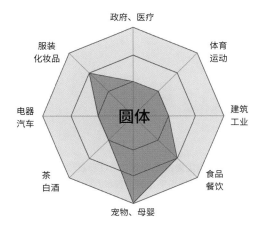

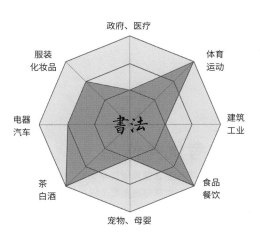

1.3 目标受众

在选择字体时，必须充分考虑设计项目受众的喜好。不同的目标受众对字体有着不同的需求和审美期待。例如，笔画粗壮、刚硬的字体往往更能展现出男性的阳刚气质，而笔画纤细、柔和的字体则更能体现女性的温柔特质。对于笔画圆润、装饰性强的字体，它们往往显得活泼可爱，给人一种轻松愉悦的感觉。而笔画端正、体饰少的字体则更显得成熟稳重，适用于需要传递严肃、稳重氛围的设计项目。因此，大家在选择字体时，必须仔细考虑目标受众的特点和需求，确保所选字体与受众喜好相匹配，从而达到最佳的设计效果。

字体印象坐标

男性

Rockwell

字魂－正酷超级黑

DIN

斗鱼追光体

锐字真言体

站酷高端黑

思源黑体

优设标题圆

优设标题黑

胡晓波男神体

千图厚黑体

庞门正道标题体

Univers

字体传奇南安体

Clarendon

Futura

Avenir

Helvetica

低幼 ←——————————————————→ 稳重

仓耳小丸子

优设好身体

方正仿宋

Times New Roman

千图小兔体

方正楷体

包图小白体

Shelley Script

思源宋体

方正风雅宋体

Optima

Gill sans

美呗嚜嚜体

思源黑体 Light

泳摇软笔手写体

Zapfino

Garamond

Caslon

Baskerville

方正兰亭圆体

Didot

Bodoni

女性

1.4 参考优秀作品

当你犹豫不决，不确定该使用哪种字体时，一个有效的参考方法是查看同一类型的优秀设计作品。通过观察和分析这些作品所使用的字体，你可以获得启发和灵感。此外，你还可以借助"求字体网"这样的字体识别工具，查找并识别出相应的字体，以便在你的设计中使用。

TIPS

字体的选择和搭配并非一成不变的，而是需要大家通过不断的设计实践来积累经验和深化认识。对于不同的项目，应灵活选择和搭配字体，以最大限度地满足项目调性、行业属性和目标受众的需求。当这三者之间存在冲突时，需要权衡并优先考虑哪一方面的内容。

以设计一则运动海报为例，根据项目调性和行业属性，首选字体应该是粗壮且具有力量感的黑体。然而，瑜伽运动是一种偏女性化和具有柔美气质的运动。因此，在主标题的设计中，优先选择优雅古典、端庄秀丽的宋体可能更为合适，因为它更符合瑜伽运动的目标受众的审美和喜好。这样的选择不仅考虑了项目调性和行业属性，也充分尊重了目标受众的特点和需求，从而实现了更好的设计效果。

如果将字体改为思源黑体，我们会发现版面无法体现出瑜伽运动的柔美感和女性气质。这充分说明了字体在画面风格塑造中的至关重要作用。字体的选择和搭配不仅影响信息的传递，更能够赋予版面独特的氛围和情感。

因此，做好版式设计的基础就是选择合适的字体并进行合理的搭配。只有这样，我们才能准确传达出设计作品的主题和情感，让观者在视觉享受中理解并记住设计所传达的信息。

2-设计案例示范

2.1 设计案例示范一稿

设计原稿

从"摄图网"下载的海报原稿来看，整体配色、构图和排版都没有明显的问题。然而，海报的视觉效果显得不够精致和美观。经过仔细分析，主要问题在于设计细节的处理不够完善，以及文字选择上存在较大的问题。

选择字体

由于这是美妆行业，其目标受众主要是女性，因此决定将原稿中的字体更改为宋体和较细的黑体，以更符合女性的审美偏好和柔美气质。同时，考虑到项目的调性偏向时尚，对于英文部分的搭配，选择了现代时尚的现代衬线体和几何无衬线体。

排版优化

将原字体替换并重新排版。

修改完成

我们将原始图片中的文字替换为先前调整好的文字。原图中人物与数字"3"的叠压效果显得不够精致，因此，我们需要重新绘制该部分，以确保其细节和呈现效果更加完美。为了提升文字的视觉效果和质感，我们决定为文字添加金色渐变效果，使其更具金属感和高级感。此外，为了打破整体构图的呆板感觉，我们特意加入了一款活泼且动感的英文手写体：Scriptina。这样的修改完成了整体设计的提升，使其更加生动、有趣，充满了活力。

2 设计案例示范二稿

替换图片

在进一步的修改中，我们精选了一张更为美观的图片进行替换。这张图片以其独特的光影效果和丰富的层次感，巧妙地凸显了美妆项目的独特魅力。通过此次图片替换，成功地营造出一种时尚高端的氛围，显著提升了整体设计的质感和视觉效果。

精简信息

当前海报中的文字信息过于繁杂，导致重点不够突出。为了改善这个情况，我们可以对一部分重复的信息进行精简，确保信息更为精练。同时，在信息的编排方面，需要避免过于分散的排列方式，以免观者在浏览时感到混乱。

重新构图

为了优化版面设计，我们采用左右构图的方式，将图片和文字分别放置在画面的两侧，确保它们互不干扰。这种布局有助于提升视觉的清晰度和观赏的舒适度。同时，我们将先前设计好的"3"字放置到画面中，以增强整体设计的统一性和完整性。为了保持文字设计的连贯性和视觉效果的一致性，其他文字也统一添加了渐变效果。

**设计
完成**

整个画面基本上已经设计完成，但目前画面的黑色背景显得比较沉闷。为了改善这一点，我们可以根据图片的色调，分别添加一些红色和蓝色的环境色。这样做既能统一整体色调，又能丰富画面的层次感。第二个方案现已设计完成。

计案例示范三稿

产品受众偏向于年轻时尚的人群时，我们可尝试运用更具个性和时尚感的设计风格。为此，需要重新选择一张更加前卫且时尚的模特照片。

将字体更改为"优设标题黑"，大的字面和粗壮的笔画，其水赋予了字体极强的速度感，使代和前卫。

将模特从背景中选出后放置到设计画面中，结合文案信息进行合理的排版布局。同时，为了可以添加镭射素材，使整体设计更加引人入胜。

设计
完成

为了强调"美妆大促"的主题，我们特意加入了化妆品元素。同时，继续添加一些精巧的设计小元素，使画面更为丰富多彩。至此，第三个方案设计完成。

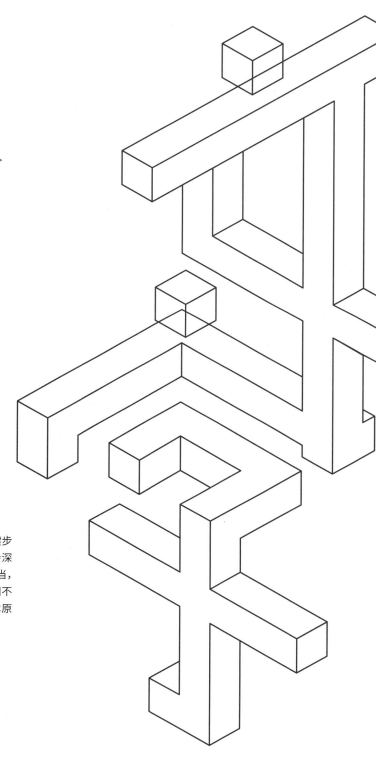

LAYOUT
STRATEGY
版式攻略

文字篇

FONT

Chapter 03——

字体搭配

在选择合适的字体用于版面设计后，接下来的关键步骤是进行字体搭配。不同的字体及其搭配方式，会深刻影响整体版面的调性和气质。如果字体搭配不当，很容易让版面显得凌乱无序。尽管字体的搭配会因不同的场合和需求而有所不同，但仍需遵循一些基本原则，以确保达到最佳的视觉效果。

1-字体搭配原则

在选择合适的字体用于版面后，接下来的步骤是进行字体搭配。在进行字体搭配时，需要遵循三大原则。

part ① 限制 字体数量

part ② 建立 视觉层次

part ③ 统一 风格气质

1.1 限制字体数量

在同一版面使用过多的字体容易导致版面显得混乱，进而破坏设计的统一感。因此，在设计中，无论信息量有多大，一般建议中文字体的选择控制在两三种（英文则选择风格相似的字体进行搭配），这样足以满足画面的需求。实际上，字体数量越少，就越容易掌控画面上文字信息的编排和布局。

然而，减少字体数量也可能导致信息权重过于均等，使重要的信息难以凸显。为了解决这个问题，设计师需要通过调整字体的大小、粗细、颜色或采用特定的装饰手法，以区分信息的主次，并引导观者阅读。

此案例虽然信息量非常大，但整个版面仅使用了一组字体（中文信息采用"思源黑体"，而英文信息则使用了无衬线体"Helvetica"）。通过巧妙地运用字体的大小、粗细对比，以及精心的编排，成功地营造出了清晰的视觉层次。这样的设计手法确保了信息的清晰度和易读性，同时使整个版面更加整洁有序。

1.2 建立视觉层次

进行字体搭配主要有两个原因。首先，字体搭配能够显著提升版面的美观度，使整体设计更加和谐统一；其次，字体搭配有助于建立清晰的视觉层次。在一个版面中，往往包含了不同层级的信息内容，如标题、副标题和正文等。而在每个信息层级中，也需要区分重点信息和非重点信息。

因此，在进行字体搭配时，我们需要巧妙地调整字体的大小、粗细、颜色等因素，以展现不同信息层级之间的关系。这样做不仅可以帮助观者在视觉上避免混乱，使版面更加清晰易读，还能为观者带来丰富的阅读层次感。

此案例虽然仅使用了"思源黑体"，但仍然能够清晰地划分出信息的主次关系。通常，主体信息可以采用较粗、较大的字体，以突出显示，而次要信息则可以使用较细、较小的字体，从而与主体信息形成对比。这种对比有助于制造视觉流程，引导观者按照设计者的意图阅读信息，并使版面的层次更加丰富。

1.3 统一风格气质

为了使字体搭配协调，一个基本原则是选择气质相近的字体。不同字体的造型特点形成了各种风格特征，而这些不同的风格特征传达出的情感也不同。有些字体气质庄重，给人稳重、正式的感觉；有些字体则散发出古典气息，带有一种历史沉淀的美感；还有一些字体呈现现代时尚感，显得前卫、新颖；而有些字体则注重信息传递，简洁明了，易于阅读。

对于刚入门的设计新手而言，想要实现字体搭配在风格气质上的统一，最简单且有效的搭配方法就是使用同一字族里的字体。许多字体字族提供了从细到粗的多个字重。运用这些字重进行搭配，既能创造出粗细和大小的字形对比，又能确保整体风格的协调统一。

使用同一字族里的字体，不仅符合"限制字体数量"的原则，有助于保持设计的简洁度和一致性。而且在进行编排时也需要遵循"形成视觉层次"的原则，通过字体的大小、粗细、颜色等方面的巧妙运用，创造出清晰的视觉层次，以给版面带来阅读的层次感。

1.4 中英文搭配原则

在进行中英文组合的排版时，建议英文部分不要直接使用中文字库自带的英文字体。因为许多中文字体的英文部分的设计并不完善，为了达到更好的效果，应该尽量使用与中文字体相似的英文字体进行匹配。

在中英文搭配方面，通常的做法是将中文的黑体字与英文的无衬线字体相组合进行编排，而将中文的宋体字与英文的衬线字体相组合进行编排。这种搭配方式基于它们在笔画特征上的相似性，例如黑体和无衬线体的笔画粗细均匀一致，由几何线条构成，没有过多的装饰元素；而宋体和衬线体的笔画都具有横细竖粗，以及带有装饰角的特点。通过这样的搭配方式，可以较好地实现中英文字体在风格上的统一，使排版更加和谐、美观。

OVER THE WORLD —————————— Helvetica

掌控世界 —————————————— 思源黑体

BRILLIANT TIME —————————— Didot

璀璨/时光 —————————————— 方正风雅宋

然而，每种类型的字体仍然存在细微的气质差别。为了实现更佳的视觉效果，通常会采用传统风格的中文字体与传统风格的英文字体相搭配，或者现代风格的中文字体与现代风格的英文字体相搭配。要实现这种搭配，设计师需要更深入地观察字体的结构和笔画的特征，选择笔画结构相似的字体进行搭配。

举例来说，宋体字形中的"方正小标宋"具有很强的书写感，它与带有古典感的英文字体"Garamond"的风格比较接近，因此，它们搭配会较为协调。而偏向于印刷阅读类的"思源宋体"，则与冷静克制的英文字体"Times New Roman"和"Baskerville"相搭配会更加统一。另一例子是极具现代感的"方正风雅宋"与现代几何字体"Didot"相搭配，因为它们都具有相似的衬角修饰感，以及强烈的笔画粗细对比，这种搭配方式能够实现现代感十足且风格统一的设计效果。

版式设计 方正小标宋	Layout design Garamond	
版式设计 思源宋体	Layout design Times New Roman	
	Layout design Baskerville	
版式设计 方正风雅宋	Layout design Didot	

黑体的结构相对简洁，因此与无衬线体进行搭配通常可以获得统一的效果。而对于圆体，则需要选择与之相对应的英文圆体进行搭配。

版式设计 思源黑体	Layout design Helvetica	
	Layout design DIN	
	Layout design Avenir	
版式设计 方正兰亭圆	Layout design Nunito	

当需要使用复合字体，例如黑体配衬线体、宋体配无衬线体时，通常需要确保两种字体在字重、气质、笔画和结构方面保持一致。

2-字体混合搭配

混合搭配不同的字体能够创造出丰富的视觉效果,同时,不同字形之间的差异也能有效地区分不同的内容。在搭配字体时,需要注意字体之间的包容性。它们既要有所区别以形成层次感,又要保持统一和谐,以避免视觉上的冲突。通常,主要信息会选择较宽、较粗且具有装饰性的字体,以便快速吸引受众的注意力;而说明文字则适合选择结构清晰、笔画简洁的字体,以确保阅读的便捷性。

2.1 宋体 + 黑体

宋体与黑体的混搭是一种常用的搭配方式。这种搭配通过适当的对比,能够为版面带来丰富的视觉印象。一般来说,设计师会选择其中一种字体作为主标题,另一种字体则作为辅助信息字体。通过运用大小、粗细等变化,可以形成主次分明的对比效果。

在本案例中,设计师选择了较粗的宋体与较细的黑体进行搭配。这种搭配形成了微妙的字形对比效果。同时,较细的黑体展现出一种高雅、精致的气质,与女性时尚特征的设计完美融合,相得益彰。

当感觉排版过于规整时,可以尝试加入手写字体以强化字形对比。这样做能够打破呆板的感觉,营造更强烈的动感,让设计更具活力和吸引力。

2.2 书法体 + 宋体

书法体的笔画变化丰富，且具备强烈的视觉冲击力，因此，作为标题使用的效果较好。然而，当书法体缩小用于说明性文字时，其笔画细节会变得过于复杂，导致可读性降低。为解决这个问题，通常会选择与书法体同样具有厚重文化历史感和强烈人文气息，且识别性较好的宋体进行搭配。

2.3 书法体 + 黑体

书法体具有强烈的动感，当与具有力量感的黑体相搭配时，非常适合运用于一些需要体现激情与活力的设计作品中，如运动、游戏、舞蹈等。这种搭配方式能够产生强烈的对比效果，其中硬朗的黑体与柔和的书法体相互映衬，可以形成一种独特的视觉张力。

2.4 卡通体 + 圆体

在主标题的选择上，采用了具有装饰性的卡通字体，这样能够迅速吸引观者的注意力。对于其他信息，则选择了结构清晰、笔画简洁的圆体进行搭配，以确保阅读的便捷性。

此案例是宠物类的文案示范，旨在展现出活泼、可爱的感觉。在主标题的字体选择上，使用了"汉仪铸字果汁软糖"，这种字体宽粗、圆润的笔画既醒目又活泼，非常适合吸引受众观看。对于说明文字，选择了简约、可爱的"江城圆体"，这种字体不仅具有很好的阅读性，而且与标题的风格相统一，使整体设计更和谐有趣。

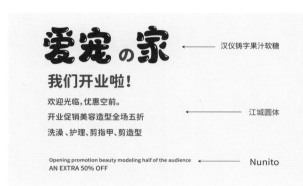

2.5 创意体 + 黑体

创意字体具有醒目、装饰性优以及视觉冲击力强的特点，因此能够快速吸引观者的注意，尤其适合作为标题使用。而黑体字体则以其良好的识别性，适合作为阅读性文字使用。

在拳击运动这类具有阳刚气质的运动中，主标题字体的选择应该优先考虑粗犷、硬朗且具有力量感的字体。在此案例中，主标题选择了"创客贴金刚体"，这种字体完美契合了拳击运动的阳刚气质。同时，辅助信息选择了阅读性良好的"思源黑体"，既保证了信息的清晰传达，又与主标题风格形成了良好的统一。

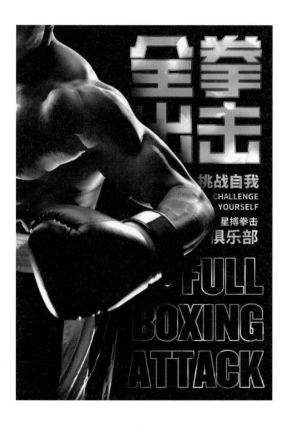

LAYOUT
STRATEGY
版式攻略
文字篇
FONT

Chapter 04 ————
编排原则

在版式设计中，重复、对比、对齐以及亲密性是四大基本原则。各种排版形式和规则都是基于这四大原则衍生而来的。掌握这些具有指导性的设计原则，能够帮助我们更快地达成设计目标，同时提高设计质量。因此，深入理解和灵活应用这些原则，是每一位追求卓越的设计师不可或缺的一步。

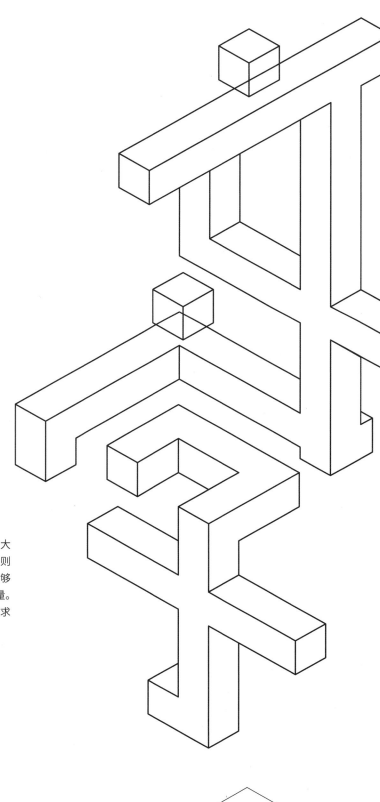

1- 亲密性原则

1.1 什么是亲密性原则

亲密性指的是彼此相关的项应当相互靠近，归组在一起。如果多个项目之间存在紧密的亲密性，它们就会形成一个视觉单元，而非多个孤立的元素。这有助于组织信息、减少混乱，并为观者提供清晰的结构。

来看一个案例：3 秒分辨出图中有几种水果？各有多少个？

在短时间回答出来可能有些困难，这可能是因为画面中的信息过多，导致你难以记住所有这些信息。

同样的问题：3 秒分辨出图中有几种水果？各有多少个？

相信你能在 3 秒内得出答案："6 种水果，各有两个"。

为什么同样的两张图片，内容完全相同，只是改变了它们的摆放位置，却能够影响我们的判断呢？这就是亲密性在起作用。

第一张图中的水果虽然摆放得很整齐，但是没有规律地混在一起，短时间内很难分辨出水果的种类和数量。

而第二张图片中的水果，则将相同的水果归类放在一起。这种归类使相同的水果成为一个统一的视觉单元，而不再是多个分散、孤立的元素。如此一来，观察者能够迅速组织视觉信息，进而形成清晰且有条理的结构。

亲密性的根本目的在于增强组织性。尽管其他原则也能达到这个目的，但利用亲密性原则，我们只需将相关的元素分成一组，建立更强的亲密性，就能自动增强条理性和组织性。当信息更有条理时，它将更容易阅读，也更容易被记住。

1.2 亲密性原则的运用

亲密性原则在设计领域的应用随处可见,它贯穿于版面中大大小小元素的排版过程中。在文字排版中,一旦亲密性原则遭到破坏,就会导致各种阅读障碍,使人们无法正确解读版面上的信息。

亲密性原则在文字排版中的作用主要表现为梳理信息组织关系,建立完整的阅读逻辑和视觉引导。例如,这段未经亲密性处理的文字,其组织关系模糊不清,阅读性和信息传递效果不佳。

遵循亲密性原则,我们可以将版面中相关的文字元素相互靠近,而不相关的文字元素相互远离,进行重新分组。这样可以使它们各自形成一个独立的视觉单元,从而增强整体的条理性和组织性,形成清晰的结构,为观者带来良好的阅读体验。

版式设计四大原则之亲密性

什么是亲密性原则
What is the principle of intimacy

亲密性是指彼此相关的项目应当相互靠近并被归纳为一组。当多个项目之间存在较强的亲密性时,它们就会形成一个视觉单元,而不是被视作多个孤立的元素。这种亲密性原则有助于组织信息、减少混乱,并为观者提供一个清晰的结构。

亲密性原则在设计领域的应用随处可见,它贯穿于版面中大大小小元素的排版过程中。在文字排版中,一旦亲密性原则遭到破坏,就会导致各种阅读障碍,使人们无法正确解读版面上的信息。

分割的形式

距离分割、线条分割、形状分割、色彩分割

---

① 版式设计四大原则之
亲密性

2.1 什么是亲密性原则
WHAT IS THE PRINCIPLE OF PROXIMITY

2.2 亲密性是指彼此相关的项目应当相互靠近并被归纳为一组。当多个项目之间存在较强的亲密性时,它们就会形成一个视觉单元,而不是被视作多个孤立的元素。这种亲密性原则有助于组织信息、减少混乱,并为观者提供一个清晰的结构。

亲密性原则在设计领域的应用随处可见,它贯穿于版面中大大小小元素的排版过程中。在文字排版中,一旦亲密性原则遭到破坏,就会导致各种阅读障碍,使人们无法正确解读版面上的信息。

③ 分割的形式
3.1
3.2 距离分割、线条分割、形状分割、色彩分割

> 我们来看这个案例是如何通过距离来建立亲密性的。

1.2.1 字间距设置

字间距应该是版面中所有元素间距的最小单位,以确保视线能够顺畅地从一个字移动到距其最近的另一个字上,从而确保阅读的准确性。在进行段落文字编排时,字间距通常设置为设计软件中的默认值0。然而,根据需求,也可以将其调整为-20 或-40,以使文字间距更为紧凑。这样的调整有助于提高阅读体验,并优化版面的整体视觉效果。

版式设计四大原则之
亲密性

字间距为默认值 0

版式设计四大原则之
亲密性

字间距为 –40

在进行标题设计时，若要通过增加字间距来增强视觉效果，需要注意字间距不应超过当前文字大小的一半。超出这个范围，文字可能会显得散乱，影响阅读体验。如果字间距过大，可以适当增加一些装饰元素来填补空白，解决视觉上的问题，从而提升整体的视觉效果。

⊘ 版式设计四大原则之
亲 密 性

⊗ 版式设计四大原则之
亲　密　性

⊘ 版式设计四大原则之
亲│密│性

1.2.2 行间距设置

行间距推荐使用文字大小的 1.5 至 2.0 倍。若行间距小于文字大小的 1.5 倍或大于 2 倍，可能会对正常阅读造成不良影响。

⊗ 1.0 倍行间距（拥挤）

亲密性原则指的是在版式设计中，彼此相关的元素应当靠近并归组在一起。当多个项目之间存在紧密的亲密性时，它们会被视作一个整体的视觉单元，而非多个孤立的元素。这种设计方式有助于更有效地组织信息，减少视觉混乱，并为观者提供一个清晰且易于理解的结构。

⊘ 1.6 倍行间距（推荐）

亲密性原则指的是在版式设计中，彼此相关的元素应当靠近并归组在一起。当多个项目之间存在紧密的亲密性时，它们会被视作一个整体的视觉单元，而非多个孤立的元素。这种设计方式有助于更有效地组织信息，减少视觉混乱，并为观者提供一个清晰且易于理解的结构。

⊗ 2.5 倍行间距（松散）

亲密性原则指的是在版式设计中，彼此相关的元素应当靠近并归组在一起。当多个项目之间存在紧密的亲密性时，它们会被视作一个整体的视觉单元，而非多个孤立的元素。这种设计方式有助于更有效地组织信息，减少视觉混乱，并为观者提供一个清晰且易于理解的结构。

⊘ 2.0 倍行间距（推荐）

亲密性原则指的是在版式设计中，彼此相关的元素应当靠近并归组在一起。当多个项目之间存在紧密的亲密性时，它们会被视作一个整体的视觉单元，而非多个孤立的元素。这种设计方式有助于更有效地组织信息，减少视觉混乱，并为观者提供一个清晰且易于理解的结构。

1.2.3 段间距设置

段间距需大于行间距，以便将文字信息明确区分开，形成独立的段落（如果采用首行缩进的形式，段间距可以等于行间距）。

⊘ 段间距 > 行间距

亲密性原则指的是在版式设计中，彼此相关的元素应当靠近并归组在一起。当多个项目之间存在紧密的亲密性时，它们会被视作一个整体的视觉单元，而非多个孤立的元素。这种设计方式有助于更有效地组织信息，减少视觉混乱，并为观者提供一个清晰且易于理解的结构。

无论版面的信息量有多少、位置如何变化，只要确保各个间距组合之间保持相对的比例关系，就能更好地控制整体版面。这既符合逻辑又满足视觉感知的要求，使信息能够更为高效地传达。此外，优秀的亲密性设计还能赋予排版以节奏感和美感。

行间距	近	版式设计四大原则之
		# 亲密性
组间距	远	
行间距	近	什么是亲密性原则
		WHAT IS THE PRINCIPLE OF INTIMACY
组间距	远	
		当多个项目之间存在紧密的亲密性时，它们会被视作一个整体的视觉单元，而非多个孤立的元素。这种设计方式有助于更有效地组织信息，减少视觉混乱，并为观者提供一个清晰且易于理解的结构。
段间距	近	
		无论版面的信息量有多少、位置如何变化，只要确保各个间距组合之间保持相对的比例关系，就能更好地控制整体版面。这既符合逻辑又满足视觉感知的要求，使信息能够更为高效地传达。此外，优秀的亲密性设计还能赋予排版以节奏感和美感。

1.2.4 组间距设置

元素与元素之间的距离要体现出"近"的感觉，而组与组之间的距离要体现出"远"的感觉。因此，只有当行间距和段间距小于组间距时，我们才会下意识地认为它们属于同一组。

错误示范 1

所有元素之间的间距都相等，导致版面显得过于散乱，无法清晰地分辨出 5 个信息组。

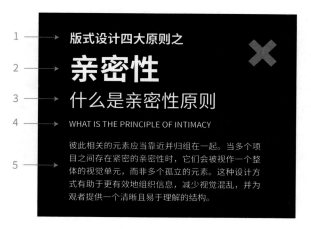

错误示范 2

当元素之间彼此无关时，不应建立关系，而是需要将它们分开。例如，下图中的 2 和 3 元素、4 和 5 元素并不属于同一信息组，但它们之间的距离过于靠近，容易导致观者误读。

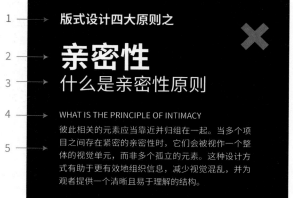

通过以上的分析和解构，我们可以得出版面文字信息间距的规律为：

字间距（极小） **< 行间距**（小） **< 段间距**（中） **< 组间距**（大）

无论版面中的信息量多少、位置如何变化，只要确保各个组合之间的间距保持相对比例，就能够更好地控制整体版面，使信息更高效地传达。这样的设计既符合逻辑要求，又能满足视觉感知的需要，让排版展现出节奏感和美感。

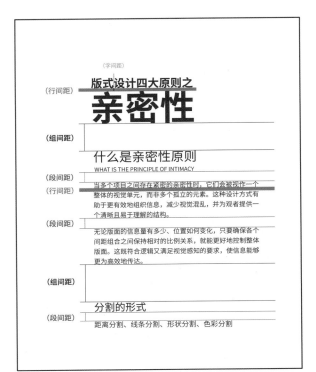

遵循总结出的规律进行亲密性设置，确保各个间距组合之间保持相对比例，以实现对版面的有效控制，使信息能够更高效、准确地传达。

字间距(极小) < 行间距(小) < 段间距(中) < 组间距(大)

1.3 常用的空间分割形式

通过前文的案例，我们可以了解到，利用间距来区分信息关系是最常用且有效的方法。除了间距控制，还可以通过其他分割形式来建立组合关系。常用的分割形式包括线条分割、形状分割、色彩分割等。将这些分割形式引入设计中，其效果往往比单一的间距控制要好得多，使版面设计更具丰富性和层次感。

1. 线条分割

利用线条进行信息空间的分割，可以使层次更加清晰。

2. 形状分割

使用形状对信息进行分组，可以使信息传达更高效。

3. 色彩分割

用不同的色彩来区分信息组，会暗示观者这些信息的组别。

将先前排好的信息组添加至色彩明快的色块中，可以使信息的分割更显眼。再点缀一些元素来丰富整体画面，增加活泼感和趣味性。

2-对齐原则

2.1 什么是对齐原则

对齐原则是指页面上的任何元素都不能随意安放，每一个元素都应当与页面上的某个内容存在明确的视觉联系。

无论处于何种环境，只要存在各种各样的事物，就需要一个秩序，人类的环境如此，设计元素的环境也如此。

左图的设计元素参差不齐，画面显得杂乱无章，缺乏美感，影响阅读；而右图运用合理的对齐方式可以带来秩序感，使其看起来更加严谨、专业，信息传达效果更好。

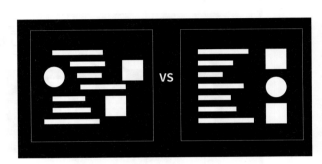

进行对齐的原因主要有两方面。首先，对齐符合人们的视觉浏览习惯，有助于提高用户的阅读体验。通过合理的对齐方式，可以降低观者的阅读负担，使内容更易于理解和吸收；其次，对齐也是对页面中信息组织的重要手段。利用不同的对齐形式，可以有效组织页面中的信息，使页面呈现规整有序、严谨美观的视觉效果。

2.2 文字编排的对齐方式

在文字编排中，常用的对齐方式包括左对齐、两端对齐末行左对齐、居中对齐、右对齐、两端对齐、顶对齐和底对齐等。这些对齐方式在选择和设计时需要根据具体的构图形式进行合理的选择和应用。不同的对齐方式所传达的视觉感受各不相同，因此，选择适当的对齐方式对于设计的效果和传达的意境都起着重要的作用。需要注意的是，这里所提到的对齐名称仅是为了方便讲解和记忆，实际在软件中的命名可能有所不同。

1. 左对齐

由于人们的阅读顺序通常是从左到右的，因此左对齐是阅读效率最高的对齐方式，并且在排版中也最常见。然而，左对齐的缺点是可能导致右侧留白过多，使整体视觉显得失衡。尽管如此，左对齐不破坏文字本身的起伏和韵律，能够保证良好的阅读体验。此外，对于英文排版来说，左对齐可以有效避免由于单词字符数量不等而造成的左右对齐难题，使排版更加简便易行。

2. 两端对齐末行左对齐

在进行大段文字编排时，经常会遇到这样的情况：无论怎么调整文本框，文字的两端都无法完全对齐。

什么是对齐原则

对齐原则是指页面上的任何元素都不能随意安放，每一个元素都应当与页面上的某个内容存在明确的视觉联系。对齐原则能够使版面统一、简洁，更有条理，还可以引导视觉流向，有助于信息更好传达，也更美观。

在遇到文字两端无法对齐的情况时，可以强制实现左右两端对齐，并确保最后一行文字靠左对齐。这种段落性文字编排形式是最常用的方法，它能够使段落文字呈现严谨、工整的效果，让版面更加清晰有序，并有效提高阅读效率。

3. 右对齐

右对齐是一种与人们的自然视线移动方向相反的编排方式。由于每一行的起始部分不规则，这种格式会增加阅读的时间和精力消耗，因此只适用于少量的文字。在设计中，右对齐的使用频率并不高，但它往往会与图形、照片建立视觉联系，从而实现排版上的平衡。使用右对齐会给人一种人为干预的视觉感受，因此这种对齐方式通常会显得比较个性和独特。

4. 两端对齐

两端对齐是一种文字排版方式，它通过调整文字间距的方式使文字段落的两端完全对齐。两端对齐一般使用在标题排版中，可以强制将文字段落处理成四方形，从而达到工整、严谨的效果。

5. 居中对齐

居中对齐多用于居中对称式的版面设计，能够给人一种庄重、肃穆、经典的感觉。然而，大段的居中对齐文字可能会导致分行和阅读困难的问题。因此，居中对齐常用于标题、导语和短篇文字的编排中，以确保阅读的流畅性和整体视觉效果的提升。

6. 顶对齐

顶对齐是纵向编排中采用的一种对齐方式。它起源于古代的书简排版，因此虽然在阅读上可能不如横向排版便利，但能够营造出复古的文化氛围，展现浓浓的中国味。

7. 底对齐

底对齐同样适用于纵向编排。然而，与右对齐类似，底对齐每一行的起始部分不规则，会增加阅读的时间和精力消耗，因此是最不适合阅读的对齐方式。

8. 其他对齐方式

除了横向和纵向的视觉方向，排版也会涉及其他方式。在这些不同的视觉方向上，我们同样需要运用对齐原则来规整设计元素，确保版面的统一和协调。

2.3 设计案例实操与解析

为了让大家更深入地理解对齐原则，我们将提取本章的主要内容作为原始资料，并运用对齐原则进行实际的设计示范。遵循亲密性原则所总结出的规律，我们将版面中的文字信息进行分组，使它们各自构成一个独立的视觉单元。这样做能够建立信息的条理性和组织性，使内容更加清晰易懂。在设置间距时，我们遵循"字间距＜行间距＜段间距＜组间距"的规则，确保各个间距组合之间保持相对的比例关系。

标题采用两端对齐的方式进行排版，通过调整文间距使两端完全对齐，强制将其处理为四方形。这种处理方式可以得到工整、严谨的效果，提升标题的视觉效果。同时，将标题的字体改为"思源宋体"，与正文使用的"思源黑体"形成鲜明的对比，进一步增强了标题的突出感和视觉冲击力。

文字采用左对齐方式，不仅能够保持文字自身的起伏和韵律，还能确保良好的阅读体验。对于文字较多的段落，可以采取两端对齐末行左对齐的方式进行处理。这种排版方式可以使文字段落显得严谨、工整，让整个版面看起来清晰有序、条理分明。

采用右对齐的方式，可以增加对齐方式的多样性，使版面富有变化。虽然这种对齐方式会增加每一行起始部分的不规则性，从而稍微增加阅读的时间和耗费的精力，但同时增加了排版的节奏感，使整体版面更加生动有趣。

为各个信息组添加伪立体效果的外框，能够使信息的分割更加明确，更便于观者辨识和理解。在加入外框后，整体画面仍需要严格遵循对齐原则，以保证设计的统一性和协调性。同时，为了丰富视觉效果，可以尝试加入小圆点作为背景纹理，再增添各种几何形状，以使画面更加生动有趣。这样，方案一的设计完成。

在设计过程中，经常会根据构图的需要，采用多种对齐方式进行编排组合。例如，在本案例中，版面中的每个信息群组都使用了不同的对齐方式。这样的设计手法可以使信息层级更加清晰，信息传达效果更为出色。

尝试运用不同的对齐方式与构图形式设计新方案。

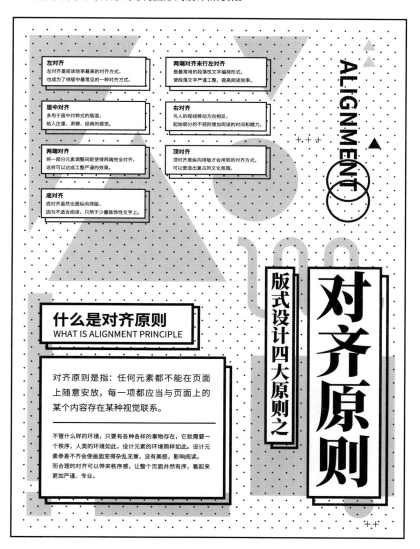

视觉规范的基础要求包括整齐、规范和有条理。很多时候，设计不美观的原因很大程度上是由于排版过于随意，尤其是缺乏对齐的意识或者未能正确对齐。

无论版面中的信息量多少、位置如何变化，只要遵循对齐原则，确保元素之间保持正确的对齐关系，就能使版面呈现统一、简洁且有条理的视觉效果。对齐不仅有助于引导视觉流向，使信息更好地传达，还能提升整体的美观度。因此，在进行设计时，我们必须首先掌握程序化的基本美感，才能进一步升华到最"随意"的原始美感。只有这样的设计才能真正传达出信息的清晰与美感并存的效果。

TIPS

在设计中，如果对齐非常明确且规整，那么为了增加设计感，可以有意识地打破这种对齐的状态，但必须表现出这种"打破"是故意的、有意识的。然而，必须明确一点，关于打破规则本身也有一条重要原则，那就是在打破规则之前，必须清楚规则是什么。

2.4 网格系统

作为平面设计师，无论你是在设计海报、书籍还是画册，都离不开网格系统。简单来说，网格系统就是帮助我们更好地建立版面秩序性的工具。网格可以为内容提供对齐的依据，划分版面比例，使版面更具逻辑性和视觉美感。使用网格系统可以提高版式设计的效率和一致性，是辅助设计的实用工具。构成网格系统的关键要素包括版心、页边距、栏和栏间距。

版心： 指在整个版面布局中，用来放置主要内容的中心区域。其目的是确保信息内容能够在安全范围内进行设计。

页边距： 指版心与页面边框之间的空白距离，也称为"版面边距"。适当的页边距为版面提供了"呼吸"的空间，使阅读更加舒适。

栏： 在网格布局中，栏是用于容纳内容和元素的基本单元。网格系统通常会将版面划分为多个栏，这些栏构成了网格系统的基础结构。根据设计需求，可以通过调整栏的数量和宽度来实现不同的布局效果。栏可以进行垂直和水平的排列组合，从而创建更丰富的页面结构。

栏间距： 指相邻两个栏之间的距离或间隔。通过保持规律的间隔来分隔视觉元素，强调版面的结构性，并维持整个网格的规律性和对齐性。

原则上，所有元素都应该在版心内进行编排。然而，这并不是绝对的，有时为了增加画面的动感和张力，我们可以在遵循已有规则的前提下，将部分重要性较低的元素放置在版心之外。

在设定好栏的标准范围后，我们应该根据这个范围对设计元素进行排版。然而，为了增加排版的灵活性，我们也需要根据实际需求进行跨栏应用。

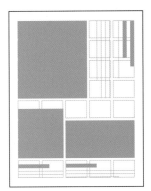
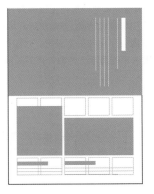
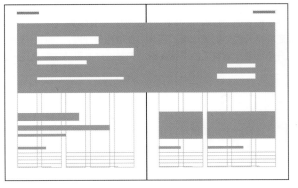

1. 在 Photoshop 中绘制网格

Photoshop 默认的单位为"像素"，而我们做的海报、画册等印刷品使用的单位为"毫米"。所以要先执行"编辑"—"首选项"—"单位与标尺"命令，将"标尺"单位改为"毫米"。

再执行"视图"—"新建参考线版面"命令，分别设置列、行数、装订线（栏间距）、边距。如下图所示，本次要设置的是 8mm×5mm、栏间距为 5mm、边距为 10mm 的网格。

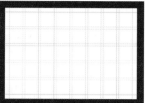

（快捷键 Ctrl+; 可以显示或隐藏网格）

2. 在 Illustrator 中绘制网格

Illustrator 中没有直接绘制参考线的命令，可以先使用"矩形工具"，绘制矩形边框作为版心。

执行"对象"-"路径"-"分割为网格"命令，在弹出的"分割为网格"对话框中，勾选"预览"复选框，设置行的"数量"值为 8，列的"数量"值为 5，间距均为 5mm，单击"确定"按钮后按组合键 Ctrl+5，将网格转成参考线。

（快捷键 Ctrl+; 可以显示或隐藏网格）

3. 在 InDesign 中绘制网格

使用 InDesign 进行书籍、画册排版时，一般只设置纵向的分栏。在新建文件时，单击"边距和分栏"按钮。在弹出的对话框中分别设置"边距"、"栏数"和"栏间距"即可。

如果需要绘制横向网格，则需要在"页面"面板中双击"主页"图标，对其进行设置，这样可以保证每一页都显示相同的网格。然后执行"版面"—"创建参考线"命令，在弹出的对话框中分别设置行数、栏数、栏间距等。

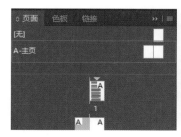
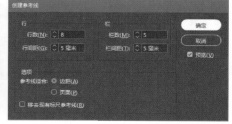
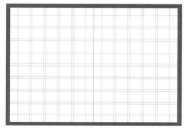

（按 W 键，可以显示或隐藏网格）

3 - 重复原则

3.1 什么是重复原则

重复原则是指在版面设计中，视觉要素应重复出现，包括颜色、字体、图形、形状、材质、空间关系等。这种重复是构成统一与秩序的关键因素。通过运用重复原则，既能增加画面的条理性，又能强化统一性，使版面更加富有层次感和逻辑性。这样一来，阅读效率得以提升，信息传达也更加有效。

3.2 使用重复原则

1. 文字样式的重复

同一级别的文字信息应采用统一的文字样式，包括字体、字号、字重以及特殊效果等。这样的设计可以确保文字的一致性和易读性，从而方便阅读和信息的有效传达。

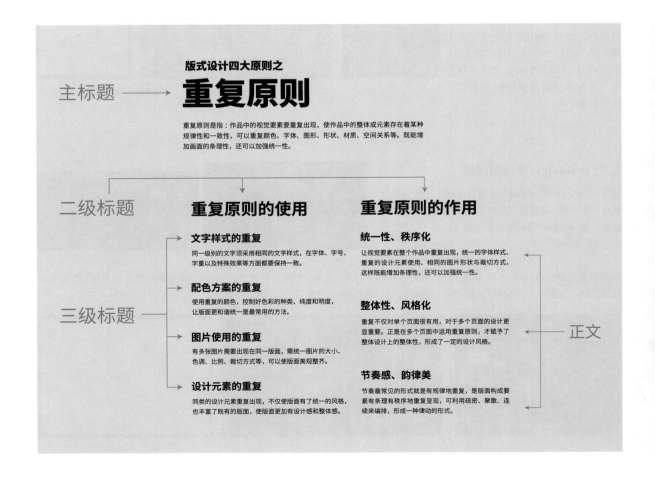

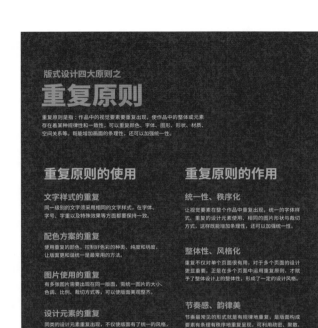

2. 配色的重复

在版面设计中，色彩的重复运用尤为重要。当版面中出现过多颜色且控制不当时，容易导致版面显得杂乱、花哨，影响视觉效果。因此，为了使版面更加和谐统一，最常用的方法是使用重复的颜色，并控制好色彩的种类、纯度和明度。通过色彩的重复应用，可以有效地整合版面，引导观者的视线，增强设计的整体感和连贯性，从而提升版面设计的视觉效果和传达效果。

3. 设计元素的重复

设计元素，如图标、形状、肌理、空间关系等，在版面中起着强调和装饰的作用。当同类的设计元素重复出现时，不仅能使版面呈现统一的风格，还能丰富视觉效果，使版面更具设计感和整体感。

将精心设计的主体元素和文字信息置于画面中，采用上下构图的方式进行布局。

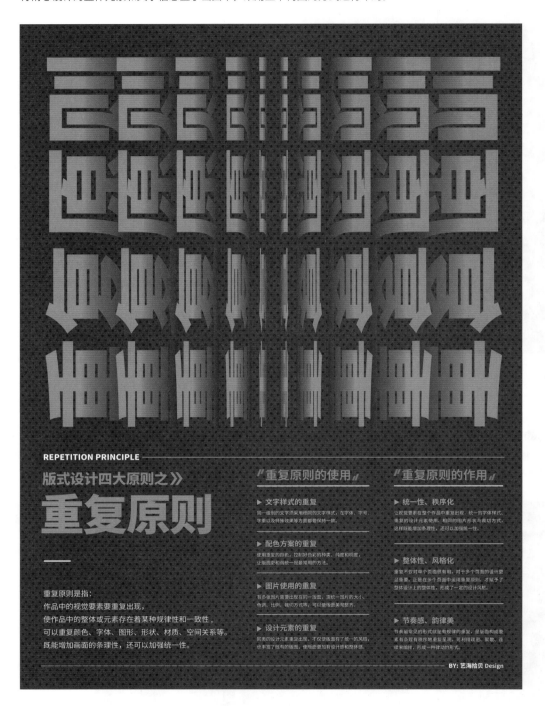

在此案例中，具有并列关系的文字信息重复使用了相同的字体、字号、字重、颜色和设计元素。通过这种处理方式，大量的信息可以直观地分为四个层级：主标题、小标题、二级标题和正文。这使版面信息呈现清晰有序、有条理的特点，确保了良好的阅读体验，有助于信息更好地传达给观者。

3.3 重复原则的作用

1. 统一性、秩序化

重复原则是构建统一和秩序的关键所在。通过在整个作品中让视觉要素重复出现，如统一的字体样式、相同的配色方案以及重复的设计元素，可以增加作品的条理性，强化统一性，使页面更富层次感和逻辑性。这样做能够提高阅读效率，并有效传达信息。

2. 整体性、风格化

重复有助于产生统一性，而这种统一性进而形成了设计风格。重复原则不仅对单个页面设计有重要作用，对于多个页面的设计更是至关重要的。在多个页面中运用重复原则，能够赋予整体设计统一感和整体性，从而形成一定的设计风格。

3. 节奏感、律动美

节奏最常见的形式是有规律地重复。通过有条理、有秩序地重复构成要素，利用疏密、聚散、连续、渐变等方式，可以形成一种律动的美感。这种节奏感不仅能增强观者对设计的印象，还能让版面更生动有趣，从而提升整体的设计效果。

无论版面有多少，信息量有多大，让视觉要素在整个作品中重复出现，就能增加画面的条理性，构建统一与秩序。同时，这种重复还能使排版具有节奏感和美感，进而形成整体设计的统一性和独特风格。

4-对比原则

4.1　什么是对比原则

"对比"是强调事物之间差异性的重要手段。在设计时，必须避免页面上的视觉元素过于相似，以确保对比明显且清晰。如果元素之间需要有所区别，那么应加大反差，使对比更加鲜明。

缺乏对比的画面会显得单调乏味。通过对比，可以突出重点，使版面具有层次感，并有条理地展示内容要点。对比关系越清晰，视觉效果越强烈。只有运用好对比，版面才会生动活泼、主次分明，给观者留下深刻的印象。

4.2　文字编排对比的形式

理论上，元素的所有可改变特征都可以形成对比。然而，在本节中，只列举了部分常用的文字编排对比形式作为示例。

1. 大小对比

大小对比是一种常用的视觉设计手法，它通过放大视觉元素体量之间的差异，来制造视觉冲突，从而吸引观者的注意力。这种对比形式在视觉元素体量上形成了层级的划分，体量越大的元素层级越高，也就越突出。

在版面中需要呈现的信息通常包括标题、小标题、正文等，其中也分为重点信息和非重点信息。通过将重点信息放大并突出显示，而将非重点信息缩小处理，可以形成大小对比。这种做法的好处在于能够减少非重点信息对重点信息的干扰，使重点信息更容易被观者接收和理解。同时，大小对比还能够增加版面的层次感，使整体布局更丰富。

2. 粗细对比

通过字体粗细的变化，可以形成轻重对比，使版面更具层次感。主要信息宜采用较粗的字体以增加突出感，而次要信息则可以使用较细的字体以示区分。这种对比方式有助于引导观者的阅读顺序，使重要信息更易被接收。

虽然只使用了"思源黑体"，但是通过采用不同的文字大小和粗细对比，也能够很好地区分信息的主次层级，使版面设计更加清晰、易读。

3. 字形对比

在版面设计中，如果信息量较大而只使用一种字体，可能会导致页面显得单调乏味。通过采用不同字形进行对比，不仅可以有效区分不同信息，还能丰富版面的视觉效果。字形对比能够凸显文字的性格和气质，让版面更具层次感和变化性。

不同的字体可以呈现不同的气质与特性，当这些不同字形的字体进行对比时，就如同不同气质的元素进行碰撞与交融。在进行字形对比设计时，设计者需要深入考虑字体与主体内容是否匹配，以及字体风格之间的反差能否恰到好处地凸显主题。

4. 色彩对比

色彩对比在设计中是一种非常有效的手法。通过巧妙地运用色彩对比，可以有效地突出重点信息，区分不同层级的信息内容，使版面更加清晰易读。同时，色彩对比还能起到装饰画面的作用，为设计增添视觉吸引力和美感。

高明度、高饱和度的黄色主体文字与低明度、高冷的蓝色背景形成了强烈的色彩反差。这种对比不仅使版面充满活力和视觉冲击力，同时也有效地突出了文字信息，提升了信息的可读性和辨识度。

5. 方向对比

在版面设计中，方向对比是一种常用的手法。通过将版面中的文字信息分别朝不同的方向排列，可以有效地增加版面的动感和空间感。

文字在水平和垂直方向上的排列，形成了鲜明的方向对比。这种对比不仅丰富了视觉效果，还增强了画面的表现力。

6. 肌理对比

肌理是物体表面的组织纹理结构，为视觉设计提供了丰富的素材。不同的材质具有截然不同的触感和视觉表现力，使肌理对比成为一种极具表现力的设计手法。无论是在文字还是背景中添加肌理效果，都能为设计带来独特的视觉美感。

7. 动静对比

在版式设计中，动静对比是一种重要的设计手法，其中具有扩散感或流动性的图形或文字编排被称为"动"，而水平或垂直性强，具有稳定性的图形或文字编排则被称为"静"。这种动静结合的方式，可以使版面更加鲜活生动，充满活力和动感。

通过为主体文字和英文置入纹理，并进行倾斜处理，可以有效地提高元素的注目度，使重要信息更加突出醒目。这种处理方式不仅能够很好地区分文字信息的主次关系，还增加了画面的灵动性和视觉吸引力。

8. 疏密对比

通过巧妙地运用疏密对比，可以使版面呈现一种独特的视觉张力。将大段的文字进行密集排版，让它们形成视觉上的块，使版面在视觉上更加紧凑。而剩下的大面积空白可以用来展示画面的主题元素。

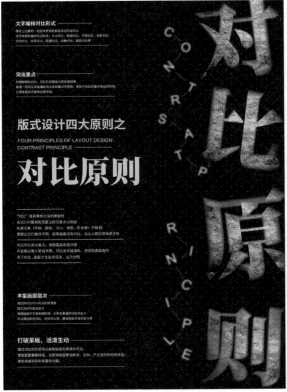

9. 空间对比

版式设计的魅力并不局限于单一的平面上，空间对比为其增添了更多的深度和维度。通过巧妙的手法，可以让设计中的元素呈现前后关系，形成立体的层次感。比如，文字与形象之间可以采用叠压或前后错落的编排方式，使版面不再是单调的平面，而是具有了生动的层次关系。

虚实对比是一种有效的设计手法，它能够营造出空间层次和立体感。通过使用虚化的背景来突出前景元素，不仅可以有效地突出重点信息，使其更加醒目和易于理解，还能够较好地营造氛围感、场景感，使设计更具深度和立体感。

运用远近对比是体现空间关系的重要手段。根据透视原理，近处的物体显得较大，远处的物体显得较小。在设计中，我们可以运用这种远近对比的手法，营造近景、中景、远景的画面层次感。

4.3 对比原则的作用

1. 突出重点

恰当的对比手法在版式设计中起着至关重要的作用。通过对比，可以有效地制造出焦点，即画面主体。利用视觉差异，将观者的注意力吸引到主体部分，提高版面的注目效果，是版式设计的核心目标。

2. 丰富画面层次

对比手法是建立组织层次结构的最有效方法。通过强烈的对比，可以形成良好的视觉落差，建立清晰的信息层次。这种层次感丰富了画面的表现力，增强了版面的节奏感和明快感。

3. 打破呆板

对比的形式可以有效地避免版面的单调和平淡。通过巧妙地运用对比手法，可以使版面更富有趣味性且充满活力。这种活泼生动的版面设计能够产生良好的视觉体验，激发观者的阅读和观看兴趣。

LAYOUT
STRATEGY

FONT

Chapter 05 ———
正文编排设计

正文中强调字体的"阅读"功能性是非常重要的。在版
面设计中，正文部分往往承载着大量的内容。我们能够
长时间流畅地阅读这些内容，是因为排版设计中遵循了
一些规则。只有按照这些规则进行排版，才能提高阅读
的流畅性和舒适度。

1- 选择合适的字体与字号

1.1 字体

在正文排版中，字体的选择至关重要。过于花哨的字体将使观者耗费大量时间去分辨其内容，因此，经常使用结构清晰、识别度较高的宋体和黑体进行正文排版。在传统的排版设计中，宋体横细竖粗、棱角分明的特点，赋予了文字良好的节奏感，常被选为正文字体。而黑体，其高度的统一性减少了字体本身对眼睛的刺激，使观者能够将更多的注意力集中在文字表达上。因此，黑体已经成为现代设计中正文排版的首选字体。

艺术字体

过于花哨的字体将使观者耗费大量时间去分辨其内容，因此，经常使用结构清晰、识别度较高的宋体和黑体进行正文排版。在传统的排版设计中，宋体横细竖粗、棱角分明的特点，赋予了文字良好的节奏感，常被选为正文字体。而黑体，其高度的统一性减少了字体本身对眼睛的刺激，使观者能够将更多的注意力集中在文字表达上。因此，黑体已经成为现代设计中正文排版的首选字体。

思源宋体

过于花哨的字体将使观者耗费大量时间去分辨其内容，因此，经常使用结构清晰、识别度较高的宋体和黑体进行正文排版。在传统的排版设计中，宋体横细竖粗、棱角分明的特点，赋予了文字良好的节奏感，常被选为正文字体。而黑体，其高度的统一性减少了字体本身对眼睛的刺激，使观者能够将更多的注意力集中在文字表达上。因此，黑体已经成为现代设计中正文排版的首选字体。

书法字体

过于花哨的字体将使观者耗费大量时间去分辨其内容，因此，经常使用结构清晰、识别度较高的宋体和黑体进行正文排版。在传统的排版设计中，宋体横细竖粗、棱角分明的特点，赋予了文字良好的节奏感，常被选为正文字体。而黑体，其高度的统一性减少了字体本身对眼睛的刺激，使观者能够将更多的注意力集中在文字表达上。因此，黑体已经成为现代设计中正文排版的首选字体。

思源黑体

过于花哨的字体将使观者耗费大量时间去分辨其内容，因此，经常使用结构清晰、识别度较高的宋体和黑体进行正文排版。在传统的排版设计中，宋体横细竖粗、棱角分明的特点，赋予了文字良好的节奏感，常被选为正文字体。而黑体，其高度的统一性减少了字体本身对眼睛的刺激，使观者能够将更多的注意力集中在文字表达上。因此，黑体已经成为现代设计中正文排版的首选字体。

艺术字体和书法字体，由于其装饰笔画较多、字形结构复杂，导致它们的识别性相对较弱。当这类字体被应用到大段落的文字编排时，可能会增加阅读的难度，使观者不易快速、流畅地阅读。

通过上图的对比，我们可以清晰地看到，宋体与黑体在结构和简洁度上更胜一筹。

正文字号通常较小，这是为了确保在有限的空间内呈现更多的内容。当使用太粗的字形时，由于笔画不够清晰，可能导致阅读困难。另一方面，字重较重的字体黑度太高，用于长文中会给人压迫感，容易引发阅读疲劳。相对而言，字重较轻的字体黑度较低，可以给人一种清爽的感觉。

思源黑体 Heavy

过于花哨的字体将使观者耗费大量时间去分辨其内容，因此，经常使用结构清晰、识别度较高的宋体和黑体进行正文排版。在传统的排版设计中，宋体横细竖粗、棱角分明的特点，赋予了文字良好的节奏感，常被选为正文字体。而黑体，其高度的统一性减少了字体本身对眼睛的刺激，使观者能够将更多的注意力集中在文字表达上。因此，黑体已经成为现代设计中正文排版的首选字体。

思源黑体 Normal

过于花哨的字体将使观者耗费大量时间去分辨其内容，因此，经常使用结构清晰、识别度较高的宋体和黑体进行正文排版。在传统的排版设计中，宋体横细竖粗、棱角分明的特点，赋予了文字良好的节奏感，常被选为正文字体。而黑体，其高度的统一性减少了字体本身对眼睛的刺激，使观者能够将更多的注意力集中在文字表达上。因此，黑体已经成为现代设计中正文排版的首选字体。

1.2 字号

使用适合的字号是影响阅读效果的关键因素。在现代设计中，我们基本依赖计算机来完成设计工作。然而，显示器的显示效果与印刷品输出之间存在一定差异，这使在显示器上准确判断文字大小变得困难。对于正文字号的选择，虽然没有明确的标准可循，但设计师可以参考一些常用的字号参考值。

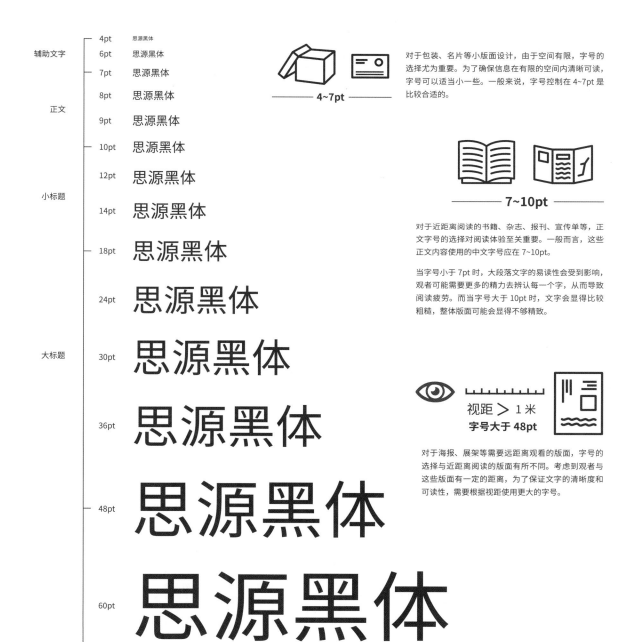

对于包装、名片等小版面设计，由于空间有限，字号的选择尤为重要。为了确保信息在有限的空间内清晰可读，字号可以适当小一些。一般来说，字号控制在 4~7pt 是比较合适的。

对于近距离阅读的书籍、杂志、报刊、宣传单等，正文字号的选择对阅读体验至关重要。一般而言，这些正文内容使用的中文字号应在 7~10pt。

当字号小于 7pt 时，大段落文字的易读性会受到影响，观者可能需要更多的精力去辨认每一个字，从而导致阅读疲劳。而当字号大于 10pt 时，文字会显得比较粗糙，整体版面可能会显得不够精致。

对于海报、展架等需要远距离观看的版面，字号的选择与近距离阅读的版面有所不同。考虑到观者与这些版面有一定的距离，为了保证文字的清晰度和可读性，需要根据视距使用更大的字号。

思源黑体 Normal
字号参考

2 - 文本的间距

2.1 字间距

字间距：文字之间的距离。

（两个字身框贴到一起时，字面框的距离）

字身紧贴的排版方式被称为"密排"。在设计软件中，默认字间距为 0 的密排被普遍认为是比较舒适的字间距，适合阅读。

默认字距 ✓

（适合阅读）

不同字体有其默认的字距，有时出于设计的需要，作品中的部分文字其字距被调整，如刻意地拉近字距或分散字距。但过于拉近字距或分散字距会影响文字的可读性，产生混淆不清或松散的负面效果，因而，正文字体的字距通常不做这样的改动。

在进行标题设计时，设计师有时会出于设计需要刻意缩小或放大字间距。这种调整可以增加标题的视觉效果和吸引力。然而，需要注意的是，过小的字间距或过大的字间距都可能影响文字的可读性。当字间距过小时，文字容易混淆不清，观者可能难以快速分辨每个字的轮廓和边界。而字间距过大时，标题会显得过于松散，缺乏紧凑感和整体感，同样也会影响阅读体验。

减小字间距，使字面框重叠，称为"紧排"

加大字间距，称为"疏排"

字距 -100 ✕

（混淆不清）

不同字体有其默认的字距，有时出于设计的需要，作品中的部分文字其字距被调整，如刻意地拉近字距或分散字距。但过于拉近字距或分散字距会影响文字的可读性，产生混淆不清或松散的负面效果，因而，正文字体的字距通常不做这样的改动。

字距 +200 ✕

（过于松散）

不同字体有其默认的字距，有时出于设计的需要，作品中的部分文字其字距被调整，如刻意地拉近字距或分散字距。但过于拉近字距或分散字距会影响文字的可读性，产生混淆不清或松散的负面效果，因而，正文字体的字距通常不做这样的改动。

2.2 行距

"行间距"是指每行文字之间的垂直距离，它衡量的是相邻两行文字底部与底部之间的距离。

行距 = 字高 + 行间距

行距 ▇▇ 版式设计是所有设计形式的基础，它的设计原理和理论在各个设计领域都是通用的。拥有扎实的版式设计基础对于学习其他设计来说，能够起到事半功倍的效果。因此，可以说版式设计是现代设计师必备的艺术修养和技术知识。

示例：字体：思源黑体 Normal
字号：8pt　行间距：4pt　行距：12pt

为了获得良好的阅读效果，设计师通常推荐行距为文字大小的 1.5~2.0 倍。这样的行距设置可以确保文字之间有适当的垂直空间，使阅读更加流畅。

行距的选择与单行字数有关。当单行字数不多的情况下，使用较小的行距可以使阅读更加顺畅，因为较少的字数意味着每一行的文字较少，适当地减少行距可以增加版面的整洁度。而当单行字数较多时，需要加大行距。如果行距过小，版面会显得局促，而且可能出现阅读串行的情况。

1.5 倍行距（紧凑）✓　　字号：6pt　行距：9

版式设计是所有设计形式的基础，它的设计原理和理论在各个设计领域都是通用的。拥有扎实的版式设计基础对于学习其他设计来说，能够起到事半功倍的效果。因此，可以说版式设计是现代设计师必备的艺术修养和技术知识。

2.0 倍行距（宽松）✓　　字号：6pt　行距：12

版式设计是所有设计形式的基础，它的设计原理和理论在各个设计领域都是通用的。拥有扎实的版式设计基础对于学习其他设计来说，能够起到事半功倍的效果。因此，可以说版式设计是现代设计师必备的艺术修养和技术知识。

过小的行距会导致视觉上的混乱，使文字难以清晰分辨，进而影响阅读体验。过大的行距则会使阅读速度减慢，因为过大的行间距使观者的视线需要频繁地跳跃到下一行。因此，行距的设置应当适宜，过小或过大都会影响阅读效果。一般来说，小于 1.4 倍或大于 2 倍于文字大小的行距都不利于正常的阅读。

1.0 倍行距（拥挤）✗　　字号：6pt　行距：6

过于花哨的字体将使观者耗费大量时间去分辨其内容，因此，经常使用结构清晰、识别度较高的宋体和黑体进行正文排版。在传统的排版设计中，宋体横细竖粗、棱角分明的特点，赋予了文字良好的节奏感，常被选为正文字体。而黑体，其高度的统一性减少了字体本身对眼睛的刺激，使观者能够将更多的注意力集中在文字表达上。因此，黑体已经成为现代设计中正文排版的首选字体。

2.5 倍行距（松散）✗　　字号：6pt　行距：16

过于花哨的字体将使观者耗费大量时间去分辨其内容，因此，经常使用结构清晰、识别度较高的宋体和黑体进行正文排版。在传统的排版设计中，宋体横细竖粗、棱角分明的特点，赋予了文字良好的节奏感，

2.3 段间距

段间距是指相邻两个段落之间的垂直距离。为了确保文字信息的清晰分隔和段落之间的独立性，段间距需要大于行距。

段间距 = 行间距

亲密性是指彼此相关的项目应当相互靠近并被归纳为一组。当多个项目之间存在较强的亲密性时，它们就会形成一个视觉单元，而不是被视作多个孤立的元素。这种亲密性原则有助于组织信息、减少混乱，并为观者提供一个清晰的结构。

亲密性的根本目的在于增强组织性。尽管其他原则也能达到这个目的，但利用亲密性原则，我们只需将相关的元素分成一组，建立更强的亲密性，就能自动增强条理性和组织性。当信息更有条理时，它将更容易阅读，也更容易被记住。

亲密性原则在设计领域的应用随处可见，它贯穿于版面中大大小小元素的排版过程中。在文字排版中，一旦亲密性原则遭到破坏，就会导致各种阅读障碍，使人们无法正确解读版面上的信息。

如果段间距与行间距相等，段落与段落之间没有区分，产生阅读障碍，使阅读不够流畅。

段间距 > 行间距

亲密性是指彼此相关的项目应当相互靠近并被归纳为一组。当多个项目之间存在较强的亲密性时，它们就会形成一个视觉单元，而不是被视作多个孤立的元素。这种亲密性原则有助于组织信息、减少混乱，并为观者提供一个清晰的结构。

亲密性的根本目的在于增强组织性。尽管其他原则也能达到这个目的，但利用亲密性原则，我们只需将相关的元素分成一组，建立更强的亲密性，就能自动增强条理性和组织性。当信息更有条理时，它将更容易阅读，也更容易被记住。

亲密性原则在设计领域的应用随处可见，它贯穿于版面中大大小小元素的排版过程中。在文字排版中，一旦亲密性原则遭到破坏，就会导致各种阅读障碍，使人们无法正确解读版面上的信息。

为了确保文字信息的清晰分隔和段落之间的独立性，段间距需要大于行距

除了设置段落间距，在中文排版中，通常采用"段首空两格"的形式来区分段落关系。这种排版方式的功能性意义在于提醒观者，此段落与前一段落在内容上是分开的，属于不同的文本内容。

在 Photoshop（PS）、Illustrator（AI）等设计软件中，我们可以通过"段落"面板进行首行缩进的设置。例如，正文字号为 8 点，那么首行缩进通常应该设置为 16 点。

使用首行缩进的形式区分段落

亲密性是指彼此相关的项目应当相互靠近并被归纳为一组。当多个项目之间存在较强的亲密性时，它们就会形成一个视觉单元，而不是被视作多个孤立的元素。这种亲密性原则有助于组织信息、减少混乱，并为观者提供一个清晰的结构。

亲密性的根本目的在于增强组织性。尽管其他原则也能达到这个目的，但利用亲密性原则，我们只需将相关的元素分成一组，建立更强的亲密性，就能自动增强条理性和组织性。当信息更有条理时，它将更容易阅读，也更容易被记住。

亲密性原则在设计领域的应用随处可见，它贯穿于版面中大大小小元素的排版过程中。在文字排版中，一旦亲密性原则遭到破坏，就会导致各种阅读障碍，使人们无法正确解读版面上的信息。

TIPS

在 InDesign 中，当创建页面的单位设置为"毫米"时，段落面板的参数单位默认也会是"毫米"。为了将段落面板的单位从"毫米"改为"点"，需要进行以下操作：依次点击"编辑"-"首选项"-"单位和增量"，在弹出的对话框中找到"标尺单位"栏目，将水平和垂直的单位都改为"点"。完成这一设置后，段落面板中的单位就会从"毫米"变为"点"，此时就可以进行首行缩进的设置了。

3 - 文字的编排方式

3.1 单行字数

行的长短以及每行的字数多少都会对阅读观感产生影响。在进行文字编排时，切忌出现单行字数过少或过多的情况。对于长篇幅的文字编排，一般单行的字数应控制在 25~40 字。如果有特殊情况需要编排字数较少或较多的单行文字，也应尽量避免超出这个范围太多。字数过少容易导致跳行的现象，破坏观者的阅读节奏，影响阅读的流畅性；字数过多则会使句子变得很长，容易引起视觉疲劳，进而影响整体的阅读体验。

单行字数 25-40（适合阅读）

　　亲密性是指彼此相关的项目应当相互靠近并被归纳为一组。当多个项目之间存在较强的亲密性时，它们就会形成一个视觉单元，而不是被视作多个孤立的元素。这种亲密性原则有助于组织信息、减少混乱，并为观者提供一个清晰的结构。

　　亲密性的根本目的在于增强组织性。尽管其他原则也能达到这个目的，但利用亲密性原则，我们只需将相关的元素分成一组，建立更强的亲密性，就能自动增强条理性和组织性。当信息更有条理时，它将更容易阅读，也更容易被记住。

单行字数 <25（容易串行）

　　亲密性是指彼此相关的项目应当相互靠近并被归纳为一组。当多个项目之间存在较强的亲密性时，它们就会形成一个视觉单元，而不是被视作多个孤立的元素。这种亲密性原则有助于组织信息、减少混乱，并为观者提供一个清晰的结构。

　　亲密性的根本目的在于增强组织性。尽管其他原则也能达到这个目的，但利用亲密性原则，我们只需将相关的元素分成一组，建立更强的亲密性，就能自动增强条理性和组织性。当信息更有条理时，它将更容易阅读，也更容易被记住。

单行字数 >40（过于冗长）

　　亲密性是指彼此相关的项目应当相互靠近并被归纳为一组。当多个项目之间存在较强的亲密性时，它们就会形成一个视觉单元，而不是被视作多个孤立的元素。这种亲密性原则有助于组织信息、减少混乱，并为观者提供一个清晰的结构。

　　亲密性的根本目的在于增强组织性。尽管其他原则也能达到这个目的，但利用亲密性原则，我们只需将相关的元素分成一组，建立更强的亲密性，就能自动增强条理性和组织性。当信息更有条理时，它将更容易阅读，也更容易被记住。

3.2 孤字不成行

孤字成行是指在排版过程中出现末行只有一个字的情况。这种情况在整个版面中显得非常突兀，容易吸引不必要的注意力，并且可能导致版面出现不合理的空白区域。为了解决孤字成行的问题，可以通过改写句子的内容或者微调行长、间距等方式进行调整，使孤字能够融入上一行中，从而改善版面的整体视觉效果。

亲密性的根本目的在于增强组织性。尽管其他原则也能达到这个目的，但利用亲密性原则，我们只需将相关的元素分成一组，建立更强的亲密性，就能自动增强条理性和组织性。当信息更有条理时，它将更容易阅读，也更容易被记住。

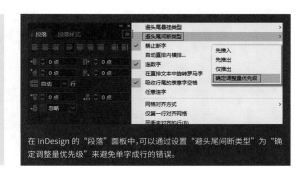

在 InDesign 的"段落"面板中，可以通过设置"避头尾间断类型"为"确定调整量优先级"来避免单字成行的错误。

3.3 对齐方式

"两端对齐末行左对齐"是一种常用的段落性文字编排方式。它广泛应用于杂志、画册、报纸等多文字信息内容的排版中。这种编排形式可以使段落文字呈现严谨、工整的外观，让版面清晰有序、条理分明。这样一来，阅读效率得到了提高，观者能够更轻松地浏览和理解文本内容。

彼此相关的项应当靠近并归组在一起。如果多个项目之间存在很近的亲密性，它们就会形成一个视觉单元，而不是多个孤立的元素。这有助于组织信息，减少混乱，并为观者提供清晰的结构。

利用亲密性原则，我们可以使页面内信息的排布疏密得当；元素与元素之间的亲疏联系既符合逻辑又满足视觉感知的要求；内容呈现一种节奏感，从而大幅降低浏览时的视觉负荷。因此，这是排版中的重中之重。

亲密性的根本目的是实现组织性。尽管其他原则也能达到这个目的，但利用亲密性原则，只需将相关的元素分在一组并建立更近的亲密性，就能自动实现条理性和组织性。如果信息很有条理，将更容易阅读，也更容易被记住。

可以通过 Photoshop、Illustrator、InDesign 等软件的"段落"面板，设置文本对齐方式为"两端对齐末行左对齐"。

3.4 标点设置

3.4.1 标点避头尾

在中文排版中，有一些标点符号不应出现在行首或行尾。为了避免这些错误，需要采取标点避头尾的措施。这些措施可以确保中文文本在排版时符合语言规范和美观要求，提高观者的阅读体验。

彼此相关的项应当靠近并归组在一起。如果多个项目之间存在很近的"亲密性"，它们就会形成一个视觉单元，而不是多个孤立的元素。这有助于组织信息，减少混乱，并为观者提供清晰的结构。

利用亲密性原则，我们可以使页面内信息的排布疏密得当；元素与元素之间的亲疏联系既符合逻辑又满足视觉感知的要求；内容呈现一种节奏感，从而大幅降低浏览时的视觉负荷。因此，这是排版中的重中之重

彼此相关的项应当靠近并归组在一起。如果多个项目之间存在很近的"亲密性"，它们就会形成一个视觉单元，而不是多个孤立的元素这有助于组织信息，减少混乱，并为观者提供清晰的结构。

利用亲密性原则，我们可以使页面内信息的排布疏密得当；元素与元素之间的亲疏联系既符合逻辑又满足视觉感知的要求；内容呈现一种节奏感，从而大幅降低浏览时的视觉负荷。因此，这是排版中的重中之重。

可以通过 Photoshop（PS）、Illustrator（AI）、InDesign（ID）等软件的"段落"面板，设置标点"避头尾"功能。

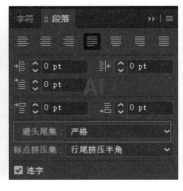

3.4.2 版面不整齐

（1）尽管已经设置了"两端对齐末行左对齐"，但如果行首行尾出现过多的全角标点，整体文本仍然会给人留下没有对齐的感觉。

（2）中文标点默认占据一个字符的位置，当相邻出现两个标点时，会产生较大的间隙，使文本看起来疏密不均匀，影响整体的美观度。为了解决这个问题，可以利用 Photoshop、Illustrator、InDesign 等软件的"段落"面板中的设置选项，避免标点引起的版面不整齐的问题。

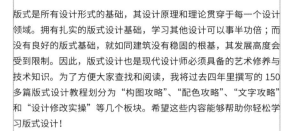

版式是所有设计形式的基础，其设计原理和理论贯穿于每一个设计领域。拥有扎实的版式设计基础，学习其他设计可以事半功倍；而没有良好的版式基础，就如同建筑没有稳固的根基，其发展高度会受到限制。因此，版式设计也是现代设计师必须具备的艺术修养与技术知识。为了方便大家查找和阅读，我将过去4年里撰写的150多篇版式设计教程划分为"构图攻略"、"配色攻略"、"文字攻略"和"设计修改实操"等几个板块。希望这些内容能够帮助你轻松学习版式设计！

版式是所有设计形式的基础，其设计原理和理论贯穿于每一个设计领域。拥有扎实的版式设计基础，学习其他设计可以事半功倍；而没有良好的版式基础，就如同建筑没有稳固的根基，其发展高度会受到限制。因此，版式设计也是现代设计师必须具备的艺术修养与技术知识。为了方便大家查找和阅读，我将过去四年里撰写的 150多篇版式设计教程划分为"构图攻略"、"配色攻略"、"文字攻略"和"设计修改实操"等几个板块。希望这些内容能够帮助你轻松学习版式设计！

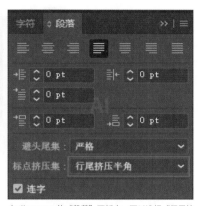

Photoshop 的"段落"面板提供了4组默认间距组合，可以根据实际需求选择合适的间距设置。

在 Illustrator 的"段落"面板中，可以选择"行尾挤压半角"选项。

在 InDesign 中，首先执行"编辑"-"首选项"命令，然后找到"中文排版选项"选项卡。在"中文排版选项"中，选中"行尾后标点类半角"复选框。

3.5 设置文字与背景颜色

文字与背景之间的明度对比越大，其辨识度就越高。为了确保文本具有良好的可识别性，背景颜色与文字颜色的对比必须足够强烈。

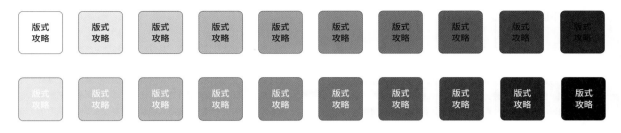

颜色本身就具有明度属性，而在众多颜色中，黄色的明度最高，蓝色的明度最低。在色彩搭配中，正确组合色相之间的明度关系是关键。一个常用的搭配诀窍是将明度高的颜色与明度低的颜色进行搭配，这种搭配方式可以产生鲜明的对比效果，使颜色之间的关系更加和谐、平衡。

如果你对字体与背景颜色之间的对比不太确定或不能很好地把控，可以借助在线配色工具 Adobe Color 中的"协助工具"来查看文字在各种背景颜色中是否易于阅读。通过搜索 Adobe Color 访问该网站，你可以轻松尝试不同的颜色组合，并确保文字在任何背景色下都能保持清晰易读。

LAYOUT
STRATEGY
版式攻略

文字篇
FONT

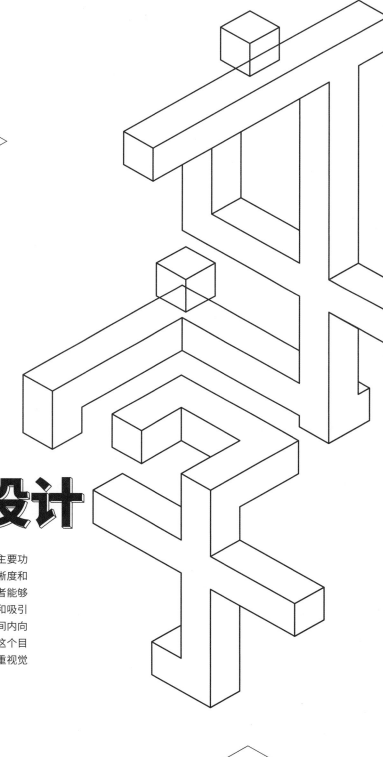

Chapter 06 ————
标题编排设计

内文和标题在编排设计上具有不同的属性。内文的主要功能是供观者阅读，因此，在编排时需要更加注重清晰度和易读性，通常不会做过多的装饰和设计，以确保观者能够顺畅地理解内容。相比之下，标题则更注重展示性和吸引力。作为展示性的文字，标题的主要功能是在短时间内向观者传递信息内容，并引起他们的注意。为了达到这个目的，标题在编排设计上会采用不同的方法，更加注重视觉冲击力和吸引力，以便迅速抓住观者的眼球。

1-标题编排设计

1.1 字间距

1. 密排型字间距

在标题设计中，使用默认的字间距通常不会有太大的问题。然而，由于不同字形结构的特点，字面框也会有所不同，这会导致字间距的差异。在编排文字标题时，需要特别注意避免过于松散的字间距。过于松散的字间距可能会影响文字的阅读和整体画面的美观。

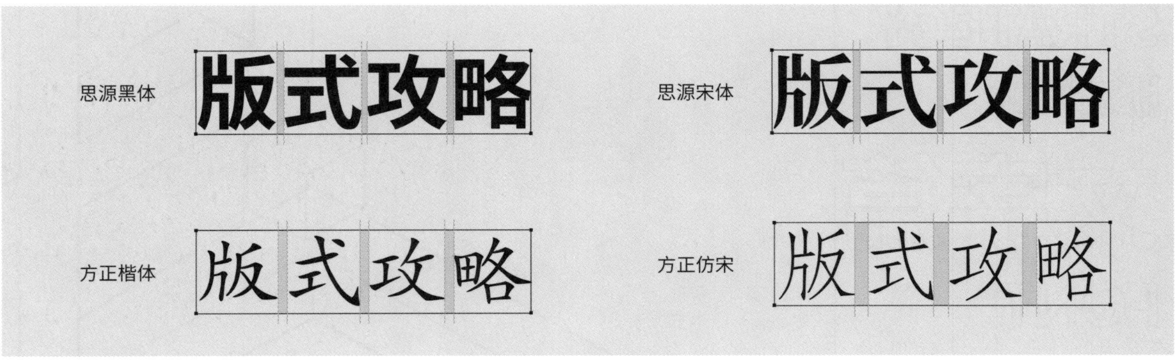

思源黑体　版式攻略　思源宋体　版式攻略

方正楷体　版式攻略　方正仿宋　版式攻略

△ 不同字体的字间距展示 △

2. 紧凑型字间距

当将正文中的文字放大作为标题使用时，默认的字间距也会相应放大，这可能导致视觉效果显得松散。为了改善这种情况，需要适当缩小字间距，调整到看起来更舒适的距离，以使文字组合显得更整体、更紧凑。然而，在调整字间距时需要注意，避免过度压缩字间距而影响阅读，要保持字间距在舒适范围内，确保标题的可读性和美观性。

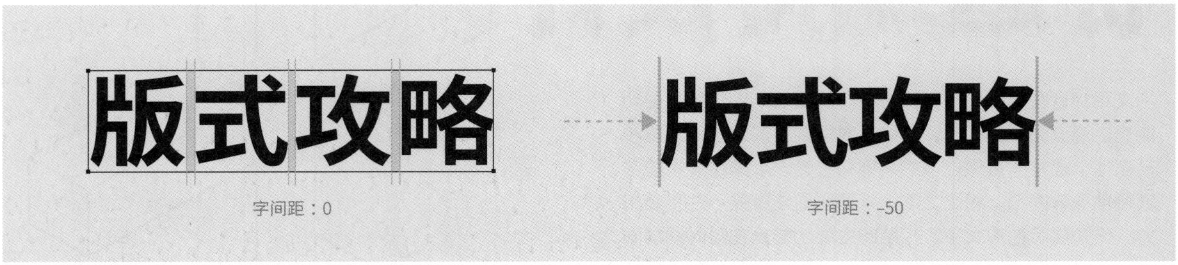

版式攻略　　→　版式攻略　←

字间距：0　　　　字间距：-50

3. 疏排型字间距

在营造诗意、随性、自由和轻松等版面氛围时，设计师可能会采用疏排型字间距。这种排版方式通过分散字间距来放慢阅读节奏，通常适用于标题或简短的句子。但值得注意的是，疏排型字间距也需要遵循亲密性原则。虽然字与字被分散，但不能留太大的间距，否则可能会造成信息阅读逻辑混乱，影响观者的阅读体验。

4. 调整字偶间距

当标题中同时使用两种不同的字形，例如中西文混排或存在数字时，为了获得更好的视觉效果，可以打开相应软件的"字符"面板。在该面板中，选择"字偶间距"中的"视觉"选项。该选项的作用是遵循人们的视觉习惯，根据相邻字符的形状来自动调整它们之间的间距，以确保字间距看起来更加匀称和美观。

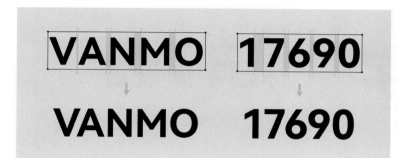 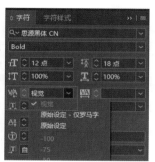

TIPS

对于大号字的标题，字偶间距的调整显得尤为重要。由于大字号下的字间距问题会更为明显，因此对这一细节的调整能够使标题看起来更为平衡和优雅。在大多数情况下，将"字符"面板中的"字偶间距"设置为"视觉"选项，即可获得良好的效果。然而，如果仍然觉得字间距存在视觉上的不和谐，也可以手动进行调整。通过按组合键 Alt+ ←或→，可以轻松缩减或增加间距，从而得到更为合适的字间距效果。

1.2 行距

在正文编排中，通常推荐的 1.5~2.0 倍行距设置并不适用于标题。对于标题的编排，为了使文字给人的视觉感受更集中、更具整体感，通常需要在不影响阅读逻辑的前提下缩小行距。一般来说，推荐使用文字大小的 1.25 倍作为行距。然而，具体的缩进距离应根据实际版面编排的美感来决定，以确保标题与整体版面的和谐统一。

版式设计 通关秘籍	版式设计 通关秘籍	版式设计 通关秘籍
字体 : 思源黑体 Heavy 字号 : 24pt　行距 :36pt　倍率 :1.5 **行距视觉效果过于松散**	字体 : 思源黑体 Heavy 字号 : 24pt　行距 :30pt　倍率 :1.25 **行距视觉效果良好**	字体 : 思源黑体 Heavy 字号 : 24pt　行距 :24pt　倍率 :1.0 **行距视觉效果过于拥挤**

1.3 文字大小

为了清晰地传达信息，创建明确的阅读逻辑是基础。在排版设计中，标题与正文之间应具有明显的文字大小差异，这样才能更好地区分信息层级。若文字组合逻辑清晰、醒目和美观，可以更有效地传达信息。对于标题字号的设置，如果不确定大小变化的规律，可以按照一定的倍率进行调整。

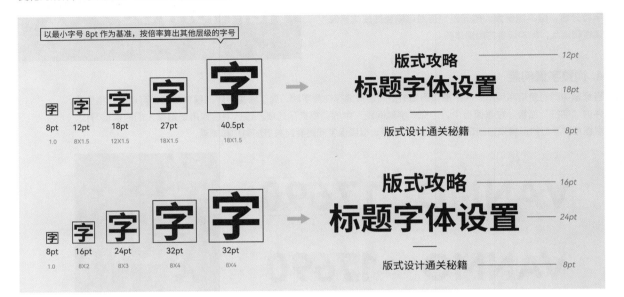

TIPS

在排版设计中，文字大小的对比是非常重要的。对比不能太弱，如果文字大小对比过于接近，则很难突出重点，使重要信息容易被忽视。然而，对比也不能过于极端。文字大小差异过于悬殊会导致文字组看起来非常不协调，影响到标题视觉的平衡性和整体性，使版面显得杂乱无章。

1.4 断行节奏

当标题过长或需要迎合版面空间的分布时，经常需要对标题进行"断行"处理。在进行"断行"时，除了要考虑词组的连贯性，避免将一个完整的意思断开，还需要把握好节奏。像"长短长""短长短"这样的节奏分布能够赋予标题更好的视觉效果。然而，对于节奏的把握也要注意，不能太弱也不能太强。太弱的节奏对比会使标题显得平淡无奇，而太强的节奏则可能让观者感到突兀和不协调。要使其处在均衡状态，既有对比，也要调和，这样才能达到和谐统一的视觉效果。

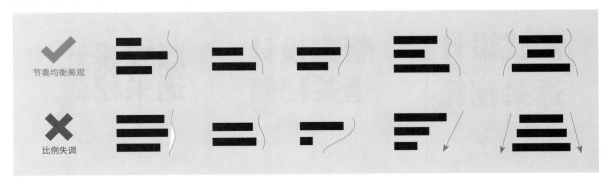

2 - 标题编排形式

标题是版面中最关键、最需要突出的文本元素，因为它用最简短的文字概括了整个版面的内容。为了确保信息能够有效传达，标题需要经过精心设计，以在短时间内吸引受众的视线，并引发他们的兴趣，希望使其继续阅读下去。

然而，设计标题时，设计师需要特别注意保留文字的识别性。无论采用何种设计手法，都不能影响文字的可读性。文字的主要功能是传递信息，因此，设计师在设计标题时，应在追求视觉吸引力的同时，确保文字清晰、易于识别。

标题设计的形式多种多样，可以根据不同的设计目的和受众群体进行选择。本节示范几种常用的编排形式，供大家参考。

2.1 添加装饰

通过为标题文字添加点、线、面等点缀元素，以及图形、图标等装饰元素，可以使标题增加对比度，进而丰富文字编排的变化，使其呈现更加精致美观的效果。

2.2 嵌入图形

通过从标题文字内容中提炼出相关的图形元素，并进行巧妙的组合编排，可以为标题文字赋予与图形相同的美感。这种方式让标题与其他文案在形态上形成鲜明的对比，使其更加引人注目。同时，这种设计手法也能够准确地体现标题的主题，增强标题的表达力和辨识度。

2.3 文字叠加

通过运用颜色的反差原理，可以在设计中制造鲜明的视觉对比效果。另外，利用混合模式进行透叠处理，可以使不同元素之间融合得更加自然，创造出丰富的视觉效果。同时，通过文字与文字相互叠压的方式，能够营造前后错落的视觉感受，从而制造出空间感，使画面层次更加丰富。

2.4 错位排版

错位编排是通过对标题文字的大小、位置和笔画进行精细调整，打破传统的、固定的排版样式。这种编排方式避免了沉闷的对齐排版，为文字编排注入了动感和节奏感。在标题设计中，错位编排的手法能够显著增强设计的创意性和美感。通过巧妙地调整文字元素的位置和大小，可以创造出独特的视觉效果，使标题更加引人注目。

2.5 切割裁剪

通过让字体形成缺口或错位，可以引发观者的视觉兴趣。观者会根据自己的视觉经验自动填补缺失的部位，从而与标题设计产生互动。这种设计方式增加了观者的参与感，使标题设计更具吸引力。然而，需要注意的是，在进行这种裁切处理时，必须确保缺失的笔画不会影响文字的识别性。

2.6 轮廓描边

通过对文字轮廓进行描边处理，并去除填充颜色来强调边缘，可以使文字与填充部分
形成明显的轻重对比。

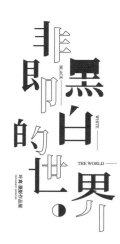

2.7 笔画删减

在字体设计中，一种大胆的手法是去掉文字中的某些笔画，这种拆分造成的不完整状态，会故意造成视觉上的紧张感和冲突感。这种设计方式旨在通过打破常规来创造独特的视觉效果，吸引观者的注意力。然而，这种设计手法也需要谨慎使用。在减少笔画后，必须特别注意文字的识别性。设计师需要避开那些影响辨识的关键笔画，确保文字在简化后仍然能够清晰、准确地传达信息。

2.8 笔画拉伸

通过拉伸笔画，设计师可以改变文字的比例造型，为文字赋予全新的形态。此外，将文字的笔画延长并与相邻的文字相接，可以创造出独特且连贯的视觉效果。这种拉伸变形的手法，不仅能够给人带来崭新的印象，还可以增大视觉面积，使文字在设计中更加突出和醒目。

2.9 叠加材质

为了凸显标题，设计师经常会对标题进行特殊处理。其中一种常见的手法是叠加材质。叠加材质的目的在于使标题文案更加引人注目，同时让主文案更富有设计感和趣味性。在运用这种手法时，需要注意的是，添加上的肌理或材质需要与文字的调性相匹配。不同的文字内容和背景可能需要不同的材质来呈现最佳的效果。选择合适的材质和肌理能够增强标题的视觉效果，使其与整体设计更加协调，并更好地传达设计师的意图。

2.10 局部填充

在文字设计中，局部填充是一种常用的手法。它涉及为文字的部分笔画填充色块，或者填充部分纹理、颜色等。这种填充处理方法可以显著提升文字的视觉效果，并赋予其更多的变化和层次感。

2.11 重复构成

将标题文字进行规律性的重复排列，是一种常用的设计手法。展示主题内容，强调关键信息，还能够增加节奏韵律感，使版面更加生动有趣。通过规律性的重复，标题文字在视觉上形成了一种韵律和节奏感，这种节奏感能够吸引观者的注意力，并让他们更容易记住标题所传达的信息。

2.12 笔画拆分

将文字笔画拆分成多个部分后重新组合，标题的每一部分都可以以独特的形态展现，从而创造出丰富多样的视觉效果。在拆分标题笔画的过程中，需要确保整体的连贯性和平衡感不被破坏。同时，拆分后的每一部分都应有明确的形状和位置，并且务必保持标题的易读性和清晰度，以便观者能够轻松阅读和欣赏。

2.13 扭曲变形

通过对标题进行扭曲变形处理，可以打破传统的排列方式，形成更具个性化的编排。这种处理方式赋予了文字更丰富的流动性和动感，使其不再呆板僵硬。扭曲变形的标题能够吸引观者的视线，增加对标题的关注度，同时也为整体设计注入了活力和创意。

2.14 倾斜旋转

将文字整体或局部进行倾斜或旋转处理是一种常用的设计手法。这种处理方式可以打破常规排版的呆板感，使版面更加生动和有趣。通过倾斜或旋转文字，可以创造出强烈的视觉动感，吸引观者的注意力并增加阅读的趣味性。

2.15 渐变叠加

为了增强文字的立体感，可以在不影响文字辨识度的前提下，将文字的笔画分离并加入渐变效果。这种处理方式可以使文字看起来更加有层次感和空间感，使其在页面上更加突出。渐变效果的运用能够平滑地过渡色彩，给文字增添一种光影效果，从而强化文字的立体感。

2.16 加入外框背景

通过给文字添加可以承载信息的外框背景，可以有效地强化和聚集内容。这种设计手法使标题文字之间更具有组织性和关联性，避免了编排过于松散的情况。特别是当版面背景较为复杂时，外框背景的使用能够保证信息清晰有效地传达，不受背景干扰，确保观者能够快速准确地获取标题所传达的信息。

2.17 增加质感

通过使用图层样式为标题添加质感，可以有效提升标题的视觉表现力。图层样式是一种强大的设计工具，它可以在不改变文字本身的情况下，通过添加阴影、光泽、渐变等效果，赋予标题更多的质感和立体感。这样的处理方式使标题在视觉上更加丰富突出，能够吸引观者的目光，并提升整体的设计质感。

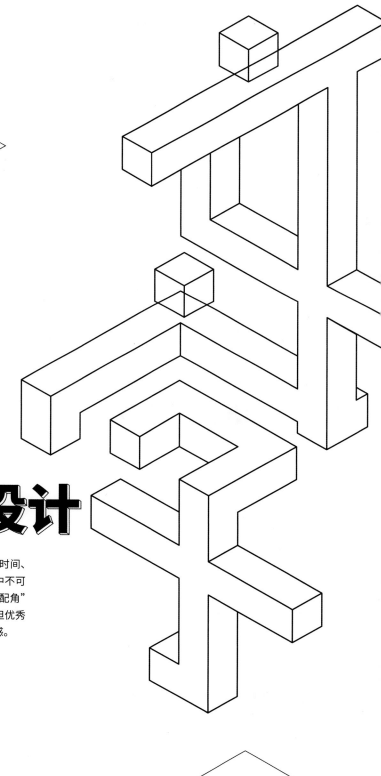

LAYOUT
STRATEGY
版式攻略
文字篇
FONT

Chapter 07 ————
数字编排设计

在进行设计时，数字的排版往往容易被忽视，例如时间、
日期、价格、电话号码等，然而它同样是版面设计中不可
或缺的重要组成部分。尽管数字在版面中经常以"配角"
的身份出现，不如标题和其他信息那样引人注目，但优秀
的数字排版能够显著提升整体版面的美观度和设计感。

1-数字字体推荐

设计师在工作中经常需要使用数字字体，例如展示价格、时间、日期和电话号码等。系统自带的字体往往缺乏个性，因此，很多时候选择一款精致的字体可以显著提升版面的档次，使版面更加美观。以下是本书推荐的数字字体。

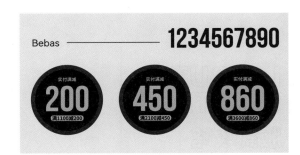

2-时间编排设计

在进行设计时，无论是展会日期、演出时间还是活动促销时间，时间信息的准确传达都至关重要。为了让时间信息的排版既能够清晰地传递信息，又能够提供良好的视觉体验，我们可以尝试以下几种设计思路。

2.1 对比

"对比"是一种常用的设计手法，在设计中无处不在。同样，在"时间"的编排中，对比也起着重要的作用。为了有效地传递时间信息并吸引观者的注意，设计师可以通过弱化日期中较次要的信息，突出主要信息，以创造更鲜明的对比效果。

2017年6月28日(wed) — 8月27日(sun)
北京民生·现代美术馆 (中国·北京)

在此案例中，时间并没有经过太多的刻画和装饰，但通过巧妙地加入大小对比，成功地形成了视觉层次感。

2009年
1月24日 [土] —
3月29日 [日]

达芬奇再现-沉浸式光影与装置大展
6│30 ∻ 7│12
全球巡回中国首展·北京

该设计将"年""月""日"字进行缩小处理，并通过大小对比的手法，有效地增强了信息之间的跳跃感。

经过修改，文章中的月份数字被改为空心字。这种改变形成了空心字和实心字之间的强弱对比，进一步突出了主要信息——日期。

2.2 简化

在此设计中，将"年""月""日"简化为"."和"/"等符号是一种有效的视觉简化处理手法。这种简化不仅能够准确传达日期信息，还可以使视觉效果更加简约和清晰。

2016
7.28 日

在许多情况下，年份在时间信息中可能并不那么重要。因此，设计师可以选择弱化年份，突出具体的时间信息，如月、日等。这种处理方式可以形成对比和层次区分，使具体时间更加醒目且易于阅读。

04/21 — 04/26
09:00-16:00

当时间信息较多时，为了更简约地呈现，可以直接删除年份。这种处理方式能够使时间信息的呈现更加简洁明了，避免版面显得过于拥挤或复杂。

2018
11/9 — 11
杜威中心Dewey Center
西大望路27号

当多个活动的时间范围都在同一个月时，设计师可以选择共用月份信息。这种处理方式能够精简画面中的重复信息，使整体设计更加简洁明了。

2.3 替代

将月份替换为英文是一种有效的设计手法，可以为版式增添一些变化。

2013
MAY
21-26

在日期连接中，经常使用的是横线"-"来连接年、月、日。然而，为了增加设计的多样性和创意，我们可以选择使用各式各样的箭头来连接日期。

2019
07-15 ⟶ 09-11

将日期中的阿拉伯数字用汉字代替，是一种适用于传统复古版面的设计手法。

Dewey Center
杜威中心
西大望路27号 | **2014.JAN**
二●一四·一月

将年份信息放置在连接线上是另一种巧妙的设计手法。这样做不仅起到了连接的作用，将日期信息连贯地展示出来，同时还能引起观者的注意。

07.11 2020 **09.16**
[主办单位] 波兰华沙国家民俗博物馆、中国美术馆
[展览场地] 19—21号展厅

2.4 添加

当追求更丰富的版面视觉效果时，可以选择添加额外的信息来进行设计。在此案例中，通过添加星期的英文缩写，并增加大小对比，成功地丰富了画面的层次感。

展览时间/ Exhibition Time
2019   2020
12.20/sun ⟶ **01.14**/sat

针对某些只在一天中的特定时段举行的活动，确实需要在设计中添加具体的时间信息。

2016.10.29 Sat.
PM**03:00** - PM**09:00**

在设计版面时，为了进一步增加趣味性和视觉吸引力，我们可以用图标或其他小元素进行装饰。这些图标和小元素可以与日期信息相互配合，形成一种更加生动有趣的效果。

2012.5.28 🕐 **PM**

通过添加外框，可以使时间的呈现更加整体和突出。外框能够将时间信息与其他元素分割，使其在版面中独立出来，更容易被观者注意到。

开幕时间
2017
09.09
4:00 pm

MONTH   DAY
05.31
15
TIME ——— DAYS
06.15

2.5 分行

当设计中有两个日期需要呈现时，为了增强其可读性和识别度，可以采用分行处理的方式。

2.6 对齐方式

左对齐确实是符合大多数人阅读习惯的对齐方式，因此在时间的编排中经常被采用。然而，设计并不局限于常规，尝试改变不同的对齐方式可以为版面增添个性化。

在设计时间排版时，我们还可以通过调整文字的大小和间距，使文字两端完全对齐。这种做法可以营造工整严谨的效果，让整个设计看起来更加饱满和专业。

2.7 纵向编排

当版面空间相对狭窄时，我们可以尝试改变时间的排版方向，以适应版面编排的需求。采用纵向编排是一种有效的方式，它不仅能够充分利用有限的空间，还能够体现一种古典文化感。

在改变时间的排版方向时，确实需要将数字调整为常规的阅读方向，以确保良好的识别性。为了符合人们的阅读习惯，避免造成混淆和误解。这样做是

采用横排和竖排相结合的排版方式是一种富有创意的设计。这种方式可以在同一版面中形成方向上的对比，使视觉效果更加丰富和多样。

北京市当代艺术馆
201-203 展览室
2010.07.11 — 09.16

11月2日（四）↓11月4日（六）

2015
5/1-4
5/13 10am-6pm 5/4 10am-4pm
北京当代艺术馆 1 馆

2.8 时间编排案例参考

在掌握了各种时间排版方法之后，我们确实可以尝试更多的组合方式来重新设计时间信息。这样做不仅可以确保时间信息顺利传递，还能够提供良好的视觉体验，为整体版面增添设计感。

07.11 ²⁰²⁰ 09.16

[主办单位] 波兰华沙国家民俗博物馆、中国美术馆
[展览场地] 19—21号展厅

May.17 → 24

2021   FRI   2021   THU
8 / 17 — 9 / 17

May.17 ⟹ June.24

2021年
8月17日 — 9月17日
August17-September17, 2021

展览 **17** NOV ▸▸ **24** DEC
日期   十一月   十二月

05/17 展览
日期
↳ **05/24**

MAY. **17** → **24**
AM 08:30 — PM 06:00   MON — SUN

05/17 → 05/ **21** 08:30
18:00

05/17 Mon → **05/21**Fri

05.17 MON ▸ **05.23** SUN
周一   周日

TIME ———
05 MON **17** ▸ **05** SUN **23**

(05/**17** MON 2021 05/**23** SUN)
19:30   19:30

TIME

6.15
19:30
▼
7.15
19:30

TIME:
07/NOV
2021
08:00 ——
18:00

3.15 周一
08:00 — 18:00

🕐 **5** / **17** AM 08:00
PM 18:00

7.18 六 ⟶ **7.26** 日
平日 12:00-20:00 假日 11:00-19:00

2017
11.19-12.18
开幕时间:11月19日 14:30
艺术家对谈 15:30
周二至周日 9:30-17:00

TIME ————
5 / **17** AM 08:30
PM 06:00

15 — 2020 — **18**
MAY

2021
05.17
|
05.21
08:30 — 18:00

TIME:
05.17 MON 周一
2021
|
05.21 SUN 周日

2017
06 /
/ **26**
15:00
MONDAY
星 期 一

2021
5.17
【周一 MON】

【周日 SUN】
5.21

TIME
05.17
∨
05.21

3-价格编排设计

在版式设计中，价格是十分重要的信息，一般需要突出展示。可以使用图形元素或装饰效果来增强数字的视觉吸引力，要根据设计的目的和风格来灵活运用各种设计元素，以增加整体设计的丰富性和趣味性，有效传递产品或服务的价值信息。同时，要确保价格的可读性和清晰度，避免过度装饰影响价格的辨识度。

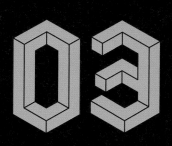

图形篇
GRAPHIC

GRAPHIC

"一图胜千言"。相较于千言万语，图形
更能高效地传递信息，并且更容易被
理解和认知。图形最大的作用在于"将
抽象概念具体化"。

Chapter 01 ————

图形的类型
与使用原则

图形在版面构成中占有极大的比重，并且往往能够产生强烈的视觉冲击力。人们常说"一幅图胜于千字"，这并不是因为文字的表现力减弱了，而是因为图形具有一种独特的能力，能够将原本平淡的信息转化为强有力的视觉画面。

图形能够有效地利用视觉效果吸引观者的注意力，激发他们的好奇心，进而引导其关注文字信息。这种瞬间产生的强烈的注目效果，是图形所独有的。在版面设计中运用图形，不仅能够提升信息的传达效率，还能为观者带来更加丰富和有趣的视觉体验。

1-图形的类型

1.1 直观传递信息的 具象图形

具象图形一般指还原真实的摄影图片，这类图形具有
直观传递信息的特点。运用具象图形来传达信息，能
够从视觉上激发人们的兴趣与欲求，进而增强画面的
表现力和说服力。具象图形是人们最易于接受的图形
形式，因为它们能够真实地再现事物的原貌，给观者
一种亲切感和真实感。在商业设计中，具象图形的运
用更能满足大部分的设计需求，因为它们能够直接传
达产品的外观、质感和用途，引起消费者的购买欲望。

1.2 形式简洁、内涵深刻的 抽象图形

抽象图形通常是具象图形的概括与提炼，它们以简洁
的外形承载着丰富而深刻的内涵。这些图形并不直接
再现事物，而是通过形状、线条和色彩等元素，以更
加隐晦和内敛的方式传达信息。正是这种简洁性与模
糊性，使抽象图形能够引发观者的想象力，让他们用
自己的理解和经验去填补和联想，从而构成一个完整
的传达过程。

与具象图形相比，抽象图形具有更强的创意性和艺术
感。它们简洁、凝练的形式美，以及强烈、鲜明的视
觉效果，使它们在传达信息的同时，还能够独立地作
为艺术作品存在。这种特性使抽象图形在设计领域具
有广泛的应用价值。

第 34 届中国电影金鸡奖海报

1.3 视觉优美、风格独特的 绘画图形

绘画图形是一种利用各种绘画手段创造出的富有个性的图形。这些手段包括水墨、版画、插画等，每一种绘画方式都能带来独特的视觉效果和风格。通过这种方式，我们可以营造出优美且富有想象力的画面，使信息的传达更具艺术性。绘画图形因其独特的视觉效果和个性化的表达方式，能够赋予设计作品更深厚的文化内涵和艺术价值。它们不仅是信息的传递工具，更是一种艺术表现的形式，能够让观者在欣赏美的同时，更好地理解和接受所传达的信息。

1.4 创意十足、超现实的 数字图形

通过数字艺术处理，设计师能够将不同的图像以和谐的方式合成和处理，或者运用 3D 建模技术来搭建场景，从而创作出各种创意十足、视觉新颖的数字图形。这些数字图形不仅具有独特的视觉效果，还能展现设计师的创造力和技术水平。

1.5 形意共生的 文字图形

中国一直强调书画同源，认为文字本身就具有图形之美。因此，在设计中保留文字的可读性基础上，进行图形化设计，可以在增强视觉效果的同时，更便于人们记忆。特别是在缺少图形素材的情况下，将文字图形化并出现在版面编排中，让其成为版面的主体，可以创造出别具一格的版面构成形式。

2 - 图形的使用原则

图形在版式设计中扮演着至关重要的角色，它能够给人们带来最直观的感受，是版式设计中不可或缺的重要组成部分。一个优秀的图形能够将原本平淡无奇的信息转化为强有力的视觉画面，从而有效地吸引观者的注意力并提升信息的传达效果。然而，在使用图形时，我们也需要遵循一些基本原则，确保图形的设计与整体版式相协调，最大限度地发挥其视觉传达的功能。这些原则包括图形的选择要与主题相符，图形的视觉效果要醒目突出，图形与文字的搭配要和谐统一等。

2.1 清晰度

图形的清晰度对于设计的品质有着直接的影响。清晰的图形能够使画面呈现更加精致美观的效果，提升整体的视觉感受。相反，如果图形清晰度不高，不仅会导致辨识度下降，使观者难以准确辨认图形所传达的信息，同时也会使设计品质感变差，给人留下粗糙、不专业的印象。在版式设计中，即便排版再合理，版式再好看，如果图形清晰度不高，也将无法弥补这一缺陷。

特别是对于需要印刷的图片，其分辨率至关重要。为了确保印刷品的清晰度和拥有丰富的细节，图片的分辨率至少应达到 300 像素 / 英寸。只有满足这个要求，才能保证在印刷品中，图片的细节能够得到充分展现，不会出现模糊或失真的现象。

2.2 美观度

美观的图形往往能呈现多种多样的表现形式，这些形式包括但不限于新颖的构图、独特的视角、真实的光影效果、丰富的层次感、创新的配色方案，以及强烈的视觉冲击力等。这些元素使图形更加引人注目，能够在瞬间抓住观者的眼球，让他们眼前一亮。

通过使用摄影图片与数字合成表现形式，图形能够展现出独特的光影效果和丰富的层次感。这种表现方式可以很好地突出画面中的核心元素，从而营造时尚、高端的氛围感。

当图形采用别出心裁的视角，并运用打破常规的构图处理方式时，它能够给人一种不同寻常的视觉体验。这种设计手法能够有效地吸引观者的注意力，让他们对图形所传达的信息产生更强烈的兴趣和好奇心。通过别出心裁的视角和非常规的构图处理，图形设计能够打破观者的视觉惯性，创造出新颖而独特的视觉效果。

2.3 契合度

在选择配图时，与版面风格的契合度是一个重要因素。每种图形都有其独特的优势和局限性，因此应优先选择与设计主题相符合的配图。例如，在产品宣传类的版面中，主要目标是展示产品的外观和特点，所以应优先选择能够直观、清晰地展示产品全貌的具象图片。而对于偏艺术的版面，可以选择抽象图形、绘画图形或文字图形等更具创意和艺术感的呈现方式，以吸引对应人群的关注，并让他们细细观看、慢慢品味。

下左图通过具象的人物摄影图片，直观地传达出海报的核心主题；下中图则采用抽象图形进行呈现，为观者提供了更广阔的想象空间，并展现出强烈的艺术感；而下右图则巧妙地结合了抽象图形和具象图形，既有效地传递了设计主题，又兼顾了艺术性和想象空间，实现了设计与传达的完美融合。

 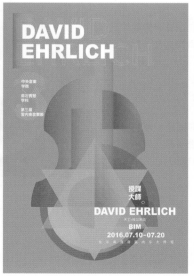 

使用具象图形　　　　　　　　　使用抽象图形　　　　　　　　具象图形与抽象图形融合

TIPS

在版式设计的过程中，图形的表现方式有时会多样化，它们可能会同时出现，或者以互为融合的方式展现。这就要求设计师在设计时，根据不同的创意和目标受众采用不同的图形表现方式。

3 - 图像分辨率设置

3.1 图像分辨率

当使用 Photoshop 等位图编辑软件设计时，新建文件时就需要设置好分辨率。而对于 Illustrator 等矢量绘图软件，虽然在新建文件时不需要设置分辨率，但在导出 jpg、png 等位图格式时也需要设置对应的分辨率。

分辨率对于图片的清晰度和文件大小有着重要的影响。在设计时，选择合适的分辨率既能保证图像质量，又能提高工作效率。那么如何合理设置分辨率呢？

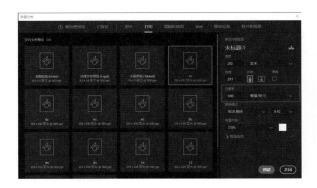

在表示图像分辨率的方法中，存在多种多样的方式，这主要取决于图像的不同用途。本节将重点探讨在平面设计中的图像分辨率。为此，首先需要了解以下概念。

1. 像素

像素是"图像元素"的简称，同时也是构成数码影像的基本单元。每个像素只能有一种颜色，当像素组合在一起时，就形成了五彩斑斓的图片。

2. 位图

位图（也称"点阵图"）是由像素构成的图像。当使用类似 Photoshop 这样的位图编辑软件打开位图并放大到一定的比例时，就能够看到图像是由一个个像素组成的。

3. 矢量图

矢量图是由大量数学方程式创建而成的图形，其构成元素是线条和填充颜色的块面，而非像素。因此，无论对矢量图进行放大还是缩小，都不会引起图形失真。使用 Illustrator 等矢量绘图软件绘制的图形均属于矢量图，它们不存在像素的概念，所以在放大后也看不到位图中常见的锯齿现象。然而，当导出矢量图为位图格式时，仍需设置适当的分辨率以确保图像质量。

4. 分辨率

分辨率是指单位长度内的像素数量,即像素的密度,通常以"像素 / 英寸"(简写为 ppi)为单位。这意味着,在每英寸的长度上,分布着多少个像素。例如,分辨率为 72 像素 / 英寸,就意味着在 1 英寸的长度内有 72 个像素;而分辨率为 300 像素 / 英寸,则表示在 1 英寸的长度内有 300 个像素。由此可见,分辨率越高,单位长度内的像素数量就越多,图像的细腻程度也就越高。因此,分辨率是影响图像清晰度和细腻度的重要因素。

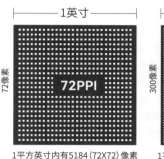
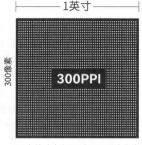

1平方英寸内有5184(72X72)像素   1平方英寸内有9万(300X300)像素

3.2 图像分辨率的常见问题

问题一: 无法获取高清图片时,能否用低分辨率图像替代?

答:图像分辨率越高,所包含的数据量越大,能展现的细节也更丰富。如果图像数据不充分(即图像分辨率较低),图像就会显得粗糙,尤其在放大图像观看时更明显。例如,72ppi 与 300ppi 的图片的打印结果截然不同,分辨率越低,色块间的锯齿状就越明显,印刷效果也越模糊。因此,在设计时,应尽可能使用高分辨率的图片。若无法获取高清图片,应尽量避免直接使用低分辨率图像,而应通过适当的方式提升图像的分辨率或寻找其他高清图片。

72ppi与300ppi打印效果对比

问题二: 能否提高低分辨率图像的分辨率?

对于某些下载的图片,由于其分辨率不满足印刷要求,是否可以通过 Photoshop 的"重新采样"功能来提高其分辨率?

答:实际上,单纯地提高图像的分辨率并不能显著改善图像的品质。Photoshop 只能保持原始图像的品质和细节。当通过"重新采样"功能提高图片的分辨率时,Photoshop 只是使用算法将原始的像素信息扩散到更多的像素中,而并非真正增加了图像的细节和信息量。因此,这种方法并不能真正提升图像的质量。

问题三：如果下载的图片分辨率未达到300ppi，还能否用于印刷？

在素材网上下载的高清图片，在 Photoshop 中查看时发现分辨率并没有达到 300ppi，这样的图片能否应用于印刷？

实际上，许多在素材网上下载的图片分辨率都是 72ppi 的。如果想知道这些图片能否用于印刷以及相应的图像尺寸，可以在 Photoshop 中执行"图像"-"图像大小"命令，在弹出的"图像大小"对话框中，取消选中"重新采样"复选框，将"分辨率"值改为 300。这样，软件会自动调整到适应 300ppi 的尺寸。另一种方法是，新建一个相应分辨率的文件，将图片放入该文件，图片也会自动调整到当前分辨率的尺寸。通过这些方法，未达到 300ppi 的图片也能妥善应用于印刷。

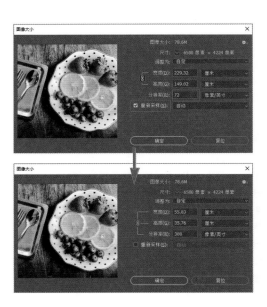

问题四：分辨率是否越高越好？

尽管图像分辨率越高确实会更清晰，但并不意味着设置分辨率越高就越好。在图像尺寸不变的情况下，分辨率越高，像素数量也就越多。而图像的像素数量既影响文件大小，也会影响计算机的运行速度。

例如，当分辨率为 72ppi 时，1 平方英寸内包含 5184（72×72）像素；而当分辨率为 300ppi 时，1 平方英寸内则有 90000（300×300）像素。每当分辨率增加 2 倍，像素数量就会增加 4 倍，文件大小也会相应增加 4 倍，这意味着计算机的运行速度也会相应减慢，进而影响设计效率。

因此，在设计大尺寸且制作精度不需要过高的图像时，过高的分辨率会严重影响到设计效率。而且，即使将高分辨率文件提交给输出公司，由于设备无法输出过高的分辨率，也必须把分辨率降低。所以，选择合适的分辨率是至关重要的。

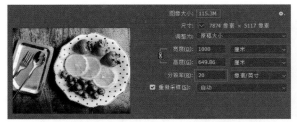

在 Photoshop 中打开 10m×6.50m 的图片，在分辨率为 20ppi 的时候，文件大小为 115Mb，如果设置了不合理的分辨率（如 100ppi），文件达到了惊人的 2.8Gb。

问题四：如何正确设置分辨率？

在设置图像分辨率时，首先需要明确设计稿件的最终发布方式和制作设备。正确认清设备与图像分辨率之间的关系，并在设计时选择合适的分辨率，既能确保图像质量，又能提高工作效率。因此，合理设置分辨率是设计流程中不可或缺的一环，对于保证作品品质和高效输出具有重要意义。

1. 电子设备
对于在计算机、投影仪、手机等电子设备上查看的图像，如网页、电子杂志、PPT、多媒体等，一般推荐将分辨率设置为 72ppi。

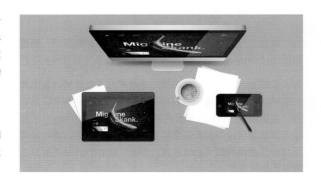

2. 喷绘

喷绘机通常具有 3.2m 的最大幅宽，但可以通过拼接实现上百平米的面积。它常用于输出大幅面的户外广告、背景板等。对于这类应用，推荐将分辨率设置为 30~45ppi。

然而，对于一些特别大的户外广告，可以适当降低分辨率。这是因为大面积的喷绘通常会被远距离观看，适当牺牲一些画面清晰度可以提高工作效率。

3. 写真

写真机输出的画面通常较小，一般只有几平米的大小。常用的介质包括 PP 纸、灯片等，经常需要裱在 KT 板上才能使用。写真作品色彩饱和度高、清晰度也高，常用于海报、灯箱、橱窗、X 展架等。对于写真作品，分辨率一般不应低于 100ppi，推荐的分辨率范围为 120~200ppi，以确保图像的清晰度和细腻度。

4. 数码印刷

该设备常用于小批量的画册、海报、宣传单等的制作。其打印速度快，成像质量好，成品色彩鲜艳。因此，它成为印刷打样的首选。然而，其精度没有印刷那么高。在使用时，推荐将分辨率设置为 300ppi，最低不低于 200ppi，以确保打印品的清晰度和色彩饱满度。

5. 印刷

在进行大批量的画册、海报、宣传单、包装等物品的印刷时，分辨率的基本要求是达到 300ppi 或以上。只有这样的分辨率，才能保证印刷品具有丰富的细节和清晰度，进而确保印刷品的整体品质和视觉效果。

LAYOUT
STRATEGY
版式攻略

图形篇

GRAPHIC

Chapter 02 ————

图形裁切与
图文互动编排

在设计中，若图形主体不够明确或与排版要求不符，则需要进行适当的裁切。正确的裁图方法能够有效地聚焦主体，从而突出设计主题。文字和图片作为版面设计的核心元素，应相辅相成地传递信息。因此，在设计过程中，需要注重文字与图形编排上的互动性，确保二者和谐统一，共同构成完整的视觉表达。

1-图形裁切

在选好图形后，理想的情况是直接将其应用于设计中。然而，很多时候图中的主体可能不够明确，无法清晰地表达核心信息。此外，图形主体的位置、大小、角度等也可能与排版要求不符。在这种情况下，对图形进行裁切就显得尤为重要。通过正确的裁图方法，可以使图形更加聚焦主体，进一步突出设计主题。

1.1 矩形裁切

设计师在日常工作中，经常接触到的图片形式就是矩形图。因此，矩形裁切也成了设计师最基础的裁图方法。

1.1.1 简化（裁剪多余内容）

在设计中，明确的画面主体是至关重要的。一个明确的主体能够有效地吸引观者的视线，并将画面所要传达的信息清晰地呈现出来。为了实现这一目标，设计师经常需要对图形进行裁切。通过裁切，可以去除可能分散观者注意力的多余元素，确保图片的简洁度。这种简化处理可以使主体更加突出，进一步提升信息的传递效率。

对原图进行适当的裁切可以减少多余元素对主体的干扰，从而使设计主题更加突出。然而，在裁切过程中需要注意保持主体元素的完整性，避免裁剪导致主体元素的不完整或失真。

1.1.2 放大（突出主体）

通过裁切放大主体，能让主体更加突出，强调细节和情感，
增加视觉冲击力。

如左图是一张视觉效果质量不错的拳击手图片，但缺少
视觉冲击力。通过裁切让主体更加突出，占据满版画面，
更具气势。

将照片调整为黑白，并提高对比度，可以使图片更具质感和冲击力。同时，为了在设计中更好地融合图片和文字元素，可以
在照片的右侧留出一些空间，根据图片的外轮廓进行文字编排。

1.1.3 特写（特殊视觉体验）

当对同一主体进行裁切，使画面集中于整体目标的一部分时，我们能够观察到不同的细节，并呈现特殊的视觉效果。

如下图右所示，通过选取篮球的局部特写，看似缩小了取景范围，但实际上却为观者提供了更广阔的联想空间。这种处理方式使设计主题得以更戏剧性地表达，氛围的营造也更为浓郁。这种巧妙的处理手法让版面呈现简洁而高级的感觉，提升了设计的整体品质。通过精心选择特写元素，设计师成功引导观者关注重点，为传达信息创造了有力的视觉支撑。

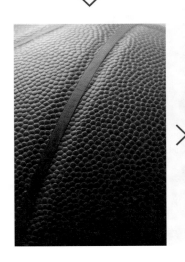

1.2 异形裁切

尽管使用矩形图片进行设计通常能够获得良好的视觉效果，但长时间观看这种设计作品容易让人感到单调乏味。为了提升设计的新颖性，我们可以尝试将图片裁切为其他形状，而不仅局限于矩形。这种异形裁切的方式，即使用除矩形外的其他形状对图片进行裁切，能够为设计注入新的创意和个性。然而，需要注意的是，在进行异形裁切时，必须确保裁切后的图形不会影响观者对图片内容的理解。

1.2.1 几何形状

通过使用规则的几何形态，例如三角形、圆形、多边形等，将图像主体限制在这些几何体内，可以创造出新颖且独特的几何形状图形。这种处理方式能够有效地减少背景的干扰，使主体更加突出和引人注目。

TIPS

在设计中，设计师经常运用"破形"的处理手法，打破过于规则的形状束缚，使设计元素呈现一种不完整或破碎的状态。当观者观看这样的设计时，会自动在脑海中将这些破碎的元素补全，从而形成一种特殊的视觉效果。

1.2.2 不规则形状

不规则形状在版式设计中具有多种多样的形式，对于设计师的想象力是一个很大的考验。这种设计方式的优点在于，它为设计师提供了广阔的自由发挥空间，可以根据个人创意和需求进行灵活的设计。然而，其缺点也显而易见，操作难度较高，排版过程中难以把控。

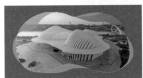

在本案例中，我们根据建筑的造型进行了裁切处理。这种处理方式巧妙地利用了建筑的外形，使版面呈现更强的形式感和动感。整个视觉效果因此变得更加灵动、美观。

除了之前提到的规则几何形态，还有一种不规则形状，它们无规律、复杂多变，并且是偶然产生的形状。这些形状给人带来的视觉感受是自然、生动、有灵性的，例如笔触、墨点等偶然形态。当我们利用这些不规则图形进行裁切后，能够打破页面的单调乏味，让整个画面更具设计感。

1.2.3 特定形状

通过特定意义的形状（如数字、logo、人物等）对图形
进行限定，并使用剪贴蒙版技术将图片约束在这些特定
形状的轮廓内，可以使版面呈现新颖、独特的视角。这
种处理方式为信息传递增添了趣味性，使设计更加生动
有趣。这种创意性的版面设计能够吸引观者的注意，并
提升他们对信息的记忆与理解。因此，在图形设计中，
结合运用特定形状与剪贴蒙版技术，是打造有趣且高效
信息传递的有效手段。

1.3 轮廓裁切

通过沿着主体轮廓进行裁切，可以将主体与复杂的背景有效分离，使主体部分更加醒目和突出。这种处理方式不仅能够强调主体，还能与其他元素进行组合，进行二次加工。这种加工方式可以产生新的构图形式，为观者带来新颖的视觉感受。"退底"后的图片轮廓变得不规则，这种不规则性也让画面气氛变得更加活跃，增加了设计的动感和生机。

2-图文互动编排

在版面设计中，文字和图片是最重要的视觉元素。文字的排列方式直接影响观者的阅读效果，而图片则更容易吸引观者的视线。然而，文字和图形的编排并不是各自独立的，也不是简单的叠加关系。相反，它们应该巧妙地糅合在一起，相辅相成地传达版面信息。因此，在设计时，我们需要形成文字与图形编排上的互动。常用的图文互动设计手法包括以下几种。

2.1 图文叠压

通过将图片与文字元素组合设计，并进行局部的叠压或前后的遮挡，可以形成一种前后层次关系。这种设计方式相比常规的排版更具视觉层级感，使整个设计更加丰富和立体。这种层次关系有助于引导观者的视线，突出重要的信息，并增加设计的层次感和深度。

当文字位于图像后方并被部分遮挡时，我们仍然能够识别出这些文字。这是因为观者的大脑会自动填补缺失的部分，并"脑补"被图像盖住的部分。这种处理方式为画面增添了趣味性和互动性，使设计更具吸引力。然而，需要注意的是，应避免关键性笔画被覆盖，以免影响文字的识别性。

2.2 图文穿插

通过将文字和图形互相穿插，可以在纵深上创造出前后关系，使两者相互联系。这种处理方式增加了交错打破的关系，让画面更具层次感。文字和图形在这种设计手法下相互交织，形成了一种三维空间的视觉效果，使整个设计更加立体且富有深度。

通过在视觉上形成人物与字体的穿插关系，可以营造一种动静结合、具有空间感的独特视觉效果。这种设计方式具有很强的视觉感染力，能够吸引观者的注意力并引导他们深入探索设计元素之间的关系。

2.3 图文绕排

图文绕排是一种有效的建立呼应关系的方法。通过根据主体本身的轮廓或靠近主体的留白空间进行文字和设计元素的放置，可以达到强化主体轮廓、聚焦主体形态等作用。当文字根据主体的外轮廓走势来排布时，其依据明确，做出来的设计具有很强的统一感和整体感。这种设计方式可以强化融入度和形式感，使文字与主体形成紧密的联系，增强设计的视觉效果和传达力。

3-版面率与跳跃率

3.1 版面率

版式设计是在有限的版面空间内，以明确的目的和规划进行设计，旨在使版面内的图文信息编排得更加科学、合理。因此，在开始设计之前，我们首先要明确版面的尺寸，然后在这个固定范围内巧妙地布局视觉元素。所谓的"版面率"，即版面中设计元素所占的空间比例，它也可以被理解为版面的有效利用率。通过合理控制版面率，我们能够更好地均衡版面中的各个元素，避免版面显得过于拥挤或空旷，进而提升整体的视觉效果和观者的阅读体验。

高版面率 ←——————————————————————→ 低版面率

3.2 留白

留白是指版面中未被视觉元素占据的空间，也可称为"版面负空间"（如右图绿色部分所示）。它虽然看似空白无物，但实际上在版面设计中扮演着举足轻重的角色。留白不仅能够衬托和区隔版面中的元素，为版面提供一个呼吸的空间，还能使版面更加透气、舒适，从而显著提升阅读体验。因此，巧妙运用留白可以让设计作品更加美观，同时也能更高效地传递信息。留白并不一定是白色空间，而是指除去页面内容后所剩余的空间。例如，在下方的图二案例中，黑色部分即为此页面的留白；在图三案例中，图片背景同样也被视为页面的留白。

（图一）　　　　　　　　　　（图二）　　　　　　　　　　（图三）

3.3 版面率和留白对版面气质的影响

一般来说，较小的版面率与较多的留白相结合，会营造出沉稳、宁静和典雅的视觉效果，使整个页面散发出精致和高品质的气息。这种设计风格通常适用于简约或高端的设计，能够凸显其独特的格调和品质感。

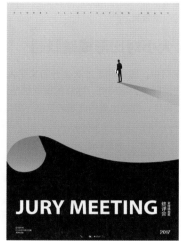

相反，较大的版面率和较少的留白则会产生强烈的视觉张力，给人留下内容丰富、信息量大的印象。这样的设计会使版面显得更加生动和引人注目，从而更容易吸引受众的注意力。因此，在资讯类、工具类和促销类的设计中，通常会采用较大的版面率，因为这些类型的设计需要具备较强的视觉冲击力，并且需要有效地传递大量信息。

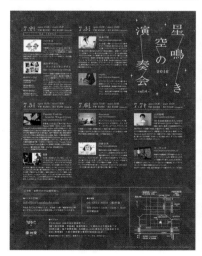
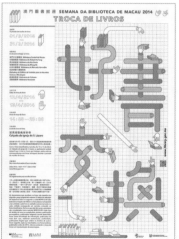

TIPS

版面率在很大程度上决定了版面的设计风格。当设计师接到设计任务时，首先需要深入了解整体的设计需求和项目背景，以便确定合适的设计风格。随后，根据版面的基调和定位，通过合理地调整版面率和留白，设计师可以更好地平衡版面中的各个元素，从而提升整体的视觉效果和阅读体验。版面率的使用是否得当，实际上是对设计师对内容的理解能力以及设计风格把控能力的直接考验。

3.4 跳跃率

跳跃率指版面中视觉元素之间的变化在视觉上营造出的一种对比关系。版面跳跃率较小的设计，其视觉元素的大小基本一致，并按照一定的顺序排列，营造出沉稳、宁静和优雅的氛围；版面跳跃率较大的设计，其视觉元素大小变化明显，使得整个版面更加丰富多样、活泼动人，并且更具亲和力。实际工作中，跳跃率应该根据版面的设计风格和定位进行灵活调整，以营造出更好的视觉效果。

3.4.1 大小对比形成跳跃感

在这个案例中，图片缺乏主次之分和文字大小对比不强烈，导致版面跳跃率大幅降低。这样的设计给予人一种平稳、安定的心理感受，营造出简约高端的氛围，但可能略显单调。

为了提升版面的层次感和视觉效果，我们可以加入背景图片形成大小对比，并调整文字大小，让层级关系更加清晰。调整后的版面跳跃率得以增强，使整个版面显得更加丰富多样。

3.4.2 位置对比形成跳跃感

通过灵活调整设计元素的位置，可以增强跳跃率，创造出独特而富有吸引力的版面效果，使版面更加富有活力。

此案例为了进一步增强版面的跳跃率，我们可以继续调整图片和文字的位置，拉开它们之间的距离，形成位置对比。可以使版面更加富有层次感，视觉效果更生动有趣。

3.4.3 颜色对比形成跳跃感

颜色对比在版面设计中扮演着重要的角色，它也决定了版面的跳跃率。合理运用颜色对比可以增强跳跃率，使版面更具吸引力，从而提升整体的阅读体验。

通过这个案例，我们可以看到通过添加颜色的对比，版面的跳跃率得到了显著增强，整体效果更加生动活泼。

3.5 设计案例示范

第一个案例通过大面积的留白，降低版面利用率，营造出沉稳、宁静和典雅的视觉效果。

第二个案例则减少了留白面积，提高了版面利用率，使得视觉效果更加丰富多样。

第三个案例通过视觉元素的大小和位置的对比，增强了版面的跳跃率，使视觉效果更加生动活泼。

第四个案例进一步加大版面利用率和增强版面跳跃率，以获得更加丰富饱满的视觉效果。

04

配色篇
COLOR

_____

COLOR

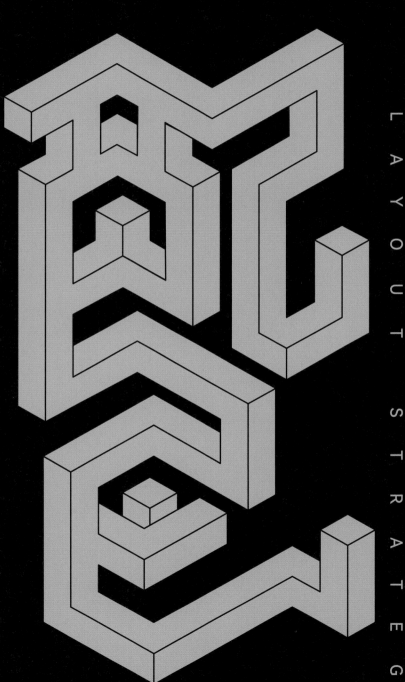

在人的视觉感知中,色彩占据着首
要位置,最先被人的视觉所捕捉。
因此,设计作品的合理配色是作品
成功的起点。

L A Y O U T   S T R A T E G Y

COLOR

Chapter 01 ——

认识色彩

在我们的生活中，色彩无处不在，它以其独特的方式影响着我们的情绪、感受和思考方式。色彩不仅使世界呈现丰富多彩的面貌，还为我们提供了一种独特的表达和沟通语言。然而，要真正理解和运用色彩，却需要进行深入的研究和学习。本章将引导你逐步认识色彩，理解色彩的三大属性，学习色彩对比的技巧，并探索色相环的奥秘。通过学习这些内容，你将更深入地理解色彩，并能够运用色彩创造出引人入胜的视觉效果。

1-色彩三属性

色彩具有三大属性，也是三个基本属性：色相、饱和度（也称"纯度"）和明度。这三大属性是描述和定义色彩的关键要素，深入了解它们可以帮助我们更好地运用色彩，增强视觉效果，并提升设计作品的整体质量。

1.1 色相

色相是"颜色的相貌"，是区分各种色彩的主要依据。当我们看到一种颜色时，能够迅速识别出它的名称，就是因为它所具有的色相属性。红、橙、黄、绿、蓝、紫是最主要的色相，它们是可见光谱中最具代表性的颜色。这些基本色相还可以互相混合，产生丰富多样的中间色相，进一步丰富了色彩的世界。

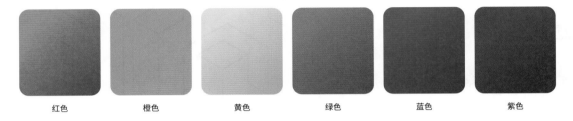

红色　　　　　橙色　　　　　黄色　　　　　绿色　　　　　蓝色　　　　　紫色

1.2 明度

明度是指色彩的明暗程度。与色相和纯度不同，明度可以独立存在，不受其他属性的影响。这也是为什么彩色图像在调整为黑白图像后，其层次关系依然存在的原因。明度可分为两种情况：同一色相的不同明度和各种颜色的不同明度。

（1）对于同一色相的不同明度。当我们在任何颜色中添加白色时，其明度会升高；相反，当添加黑色时，其明度会降低。因此，高明度的颜色看起来会更明亮，而低明度的颜色看起来则更暗淡。

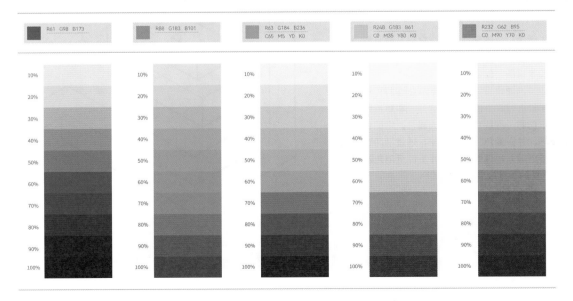

（2）每种纯色都有其对应的明度。在所有颜色中，白色的明度最高，而黑色的明度最低。在有彩色的颜色中，黄色的明度最高，而蓝紫色的明度最低。如果将黄色置于色相环的顶端，可以直观地观察到，越向上的颜色明度越高，越向下的颜色明度越低。在同一水平方向上的两个色相，其明度基本相同。因此，在进行色彩搭配时，不仅应考虑同一色相的明度搭配，还应考虑不同色相之间的明度关系。正确的明度搭配可以提高色彩的层次感和视觉效果，使设计更加鲜明、生动。

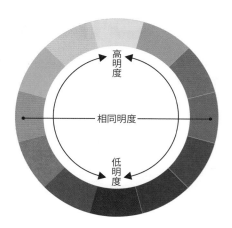

1.3 饱和度（纯度）

饱和度即颜色的鲜艳程度，也被称为该色的"纯净度"。纯度最高的色彩就是原色，不含其他颜色的成分。当加入其他颜色或者改变其明度时，都会使饱和度降低。纯度越低的色彩看起来就越淡，直至完全失去色相变为无彩色。值得注意的是，不同色相不但明度不等，纯度也不一样。例如，红色是纯度最高的颜色，而绿色的纯度几乎只有红色的一半。

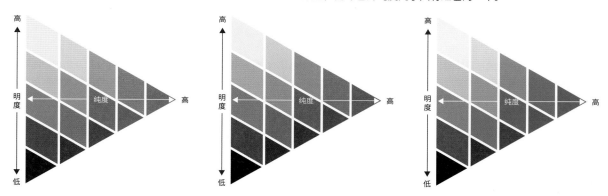

1.4 无彩色和有彩色

根据是否具有色相和饱和度这两个属性，色彩大致可以分为两大类：无彩色和有彩色。

"无彩色" 是指黑、白、灰这类没有色彩感的颜色。它们只有明度的变化，色相与饱和度均为 0，即它们没有任何色彩倾向和鲜艳程度的变化。

"有彩色" 是指具有红、橙、黄、绿、蓝、紫等色彩感觉的颜色。这类颜色通过色相、饱和度和明度这三大属性的变化，形成五彩缤纷、丰富多样的色彩世界。

2-色相环

色相环是将各种色相按照一定的顺序排列组合而成的环形图表。它能够帮助我们理解色彩之间的关系，并指导我们进行色彩搭配。在色相环上，相距越近的颜色搭配起来越柔和，而相隔越远的颜色对比则越强烈。

右图展示的是一个 12 色相环，由著名的色彩学大师约翰内斯·伊顿设计。这个 12 色相环由 12 种基本的颜色组成。首先，它包含了三原色，即蓝色、黄色和红色。通过原色的混合，产生了二次色，即橙色、绿色和紫色。再用二次色进行混合，产生了三次色，例如橙红色、蓝紫色等。

除了基础的十二色色相环，还可以依此类推，延伸出二十四色色相环、四十八色色相环，甚至是包含更多颜色的色相环。这些色相环在色彩设计和搭配中都有着重要的指导意义。

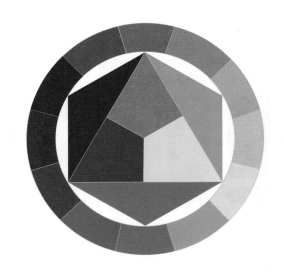

3-色彩对比

色彩与色彩之间所产生的差异被称为"色彩对比"。这种对比包括色相对比、明度对比、冷暖对比、饱和度对比以及面积对比等。色彩对比的强弱程度取决于色彩之间的差异大小。当差异越大时，色彩的对比就越强烈；当差异越小时，色彩的对比就越弱。深入了解色彩的对比关系有助于设计师更准确地预测色彩搭配的效果，从而在设计中实现预期的效果。

3.1 色相对比

色相对比是因色相之间的差异而产生的对比效果。在色相环上，不同的色相由于相互之间的远近不同，会形成不同程度的色相对比。一般而言，距离越近的色相对比越弱，色彩之间的过渡相对平滑；而距离越远的色相对比越强烈，色彩之间的对比更加鲜明。

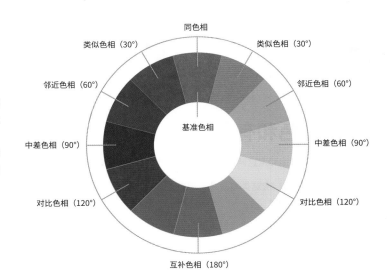

3.2 明度对比

"明度对比"是由不同色彩之间的明度差异所形成的对比关系。明度对比是色彩构成中的重要因素，对于表现色彩的层次和空间关系起着关键作用。即使是同一种颜色，在不同的明度背景下也会呈现不同的明暗效果。例如，同一颜色在暗色背景下会显得更亮，而在亮色背景下则会显得更暗。颜色的亮度差异越大，明度对比的效果就越明显。

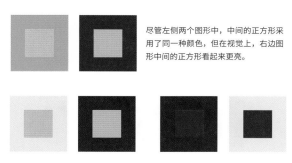

尽管左侧两个图形中，中间的正方形采用了同一种颜色，但在视觉上，右边图形中间的正方形看起来更亮。

同一颜色在暗色背景下会显得更亮，而在亮色背景下会显得更暗。

3.3 饱和度（纯度）对比

"饱和度（纯度）对比"是由不同色彩之间纯度差异所形成的。这种对比可以是纯色与其含有灰色成分的变体之间的对比，也可以是具有不同色彩倾向的灰色之间的对比。根据色彩之间纯度的差异，纯度对比会产生强弱之分。当某一色彩的纯度较高时，相比之下它会显得更鲜艳；而当色彩的纯度较低时，相比之下它会看起来更暗淡。

当与单独看颜色时相比，受到颜色纯度对比的影响，纯度高的红色会显得更鲜艳，而纯度低的红色则会显得更暗淡。

3.4 冷暖对比

人们对于色彩的冷暖感觉是在长期生活实践中由实际体验所形成的。例如，红色和橙色经常使人联想到东方旭日和燃烧的火焰，因此给人一种温暖的感觉，所以被称为"暖色"。而蓝色和青色则经常使人联想到广阔的蓝天、沉积的冰雪，因此给人一种寒冷的感觉，所以被称为"冷色"。冷暖对比就是由这些冷色与暖色相搭配所形成的对比效果。

然而，色彩的冷暖感觉也是相对的。除了红色和蓝色是色彩冷暖的两个极端，其他许多色彩的冷暖感觉都是相对存在的，因此它们被称为"中性色"。例如，紫色和绿色。在紫色中，红紫色比较暖，而蓝紫色则较冷；在绿色中，草绿色带有暖意，而翠绿色则偏冷。

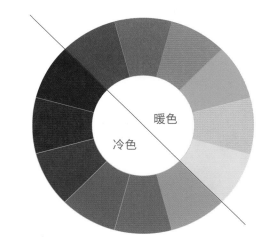

3.5 面积对比

面积对比是由色块面积大小的差异所产生的对比效果。当色彩之间的面积呈现等比关系时，对比效果最为强烈，这种情况下色彩之间既有对抗又有平衡。一旦色彩面积产生差异，视觉效果上的对比就会减弱，其中面积较小的一方会成为视觉焦点。因此，巧妙运用面积对比可以起到平衡配色和强调特定元素的作用，是一种非常有效的设计手段。

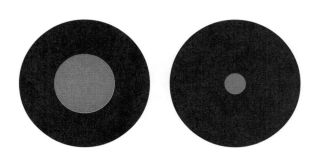

LAYOUT
STRATEGY
版式攻略

配色篇
COLOR

Chapter 02 ———

配色规划
与方法

好的色彩搭配往往依赖于设计师的审美和直觉,
但这些出色的色彩搭配背后必定有配色规律和方
法的支撑。本章将分享一些简单而有效的配色技
巧,希望能为你带来一些启发。

1-配色原则

好的色彩搭配往往依赖于设计师的审美和直觉，但好的颜色搭配必定有合理的配色规律和配色方法论作为支撑。有些设计师提出了一个实用的配色比例：6:3:1。

虽然并不是每个设计都必须遵循这个配色比例，但它揭示了一个重要的配色规律：在一个版面中，通常应该有一个面积最大的颜色占据主导地位，而其他颜色则起到辅助或点缀的作用。我们可以将这些颜色分为三大类：主色、副色和点缀色。

这种配色比例和规律可以帮助设计师在搭配颜色时更有条理和依据，创造出更和谐、美观的设计作品。

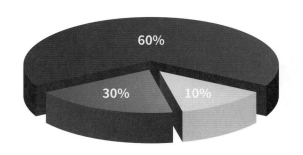

主色
主色是整个色调的核心，通常是占据比例最大的颜色。它确定了整体的风格与基调，一般被用作背景色，起到映衬主体的作用。主色的选择会极大地影响设计的整体氛围和感觉。

副色
副色在版面中的占比相对较小，但通常是画面中要突出的颜色。副色传递的是最核心的信息，它经常用于品牌色、产品颜色以及大标题等画面主体。副色的作用是辅助主色，使设计更丰富多彩，同时引导观者关注关键元素。

点缀色
点缀色是版面中面积最小的颜色，通常体现在细节之处，分散在画面的各个角落。其主要作用是装饰版面，为画面增添更多的层次和丰富感。点缀色通常用于图案、图标或其他设计元素中，以增加设计的活力和吸引力。

2 - 配色步骤与方法

通常的配色设计过程是从确定主色开始的，然后再选择与主色搭配的副色，最后根据造型、排版等方面的需要，调整并增加多个点缀色。

案例示范

接下来，我们以一则运动鞋的广告为例，示范配色步骤。首先，进行文字的排版。第二步根据主体鞋子的颜色，选择了红色作为主色，这样可以使画面获得统一协调的色调。然而，这样设计的缺点是色彩层次显得不够丰富。于是，我们尝试将主色改为黑色，让红色作为副色，这样主色能够很好地衬托和突出副色。最后，添加黄色作为点缀色，让画面的视觉效果更加丰富细腻。

主色

副色 点缀色

TIPS

对于新手设计师而言，使用的颜色越少，越容易掌控画面。一个作品是否优秀并不取决于色彩的多少，而在于色彩是否准确、完整地表达了内涵。

有些时候，只使用少量色彩也能创作出优秀的设计作品。色彩层级越精简，就越容易实现整体色彩的平衡。掌握好色彩的功能划分，必然能让配色过程保持思路清晰，从而提高工作效率。

因此，新手设计师可以先从简单的配色方案入手，逐渐熟悉和掌握色彩的运用，慢慢提升自己的设计水平。

3 - 主色的选择

在配色过程中，首要任务是确定主色。主色在整个画面中起着主导作用，为后续的配色提供遵循的章法。确定好主色后，整个画面的色调和氛围就基本确定了。主色就好比乐曲中的主旋律，决定着版面给观者的主要感受。例如，主色如果是鲜艳的红色，那么整个画面就会给人充满活力和激情的感觉；如果是深沉的蓝色，就会给人庄重、宁静的感觉。因此，主色的选择在形成版式设计风格上起着举足轻重的作用。当主色很清晰明确时，可以快速展现画面的气质。

那么，该如何确定主色呢？这里提供四种方法供大家参考。

① 依据企业形象用色　② 根据主体色用色

③ 依据行业属性用色　④ 依据色彩情感用色

3.1 依据企业形象用色

在激烈的市场竞争中，为了凸显企业形象、提升产品的附加价值和识别度，设计师经常以企业形象的形象用色作为主色调进行设计。这种配色方式能够使设计画面具有统一的色彩，从而最直接地传达企业形象。

例如，可口可乐选择了热情喜庆的红色作为主色调，而百事可乐则选用了代表年轻活力的蓝色。这些色彩都向人们传达出强烈的品牌效应，使消费者能够轻易通过色彩形象识别出企业。这种统一的识别性自然而然地在消费者心中建立起企业的良好形象，并产生了对产品的可信度和品质感。

TIPS

如果你不知道如何选择主色，那么以企业的形象色作为主色调是一个准确且方便快捷的方法。

3.2 根据主体色用色

根据主体的颜色，选择同类或相邻的色相作为主色，可以使画面更加协调统一。这种方法能够很好地与主体色相呼应，视觉上产生关联，使设计更加和谐自然。

如果产品的颜色是红色，那么主色调可以相应地选择相似的红色。为了丰富画面，可以加入黄色作为点缀色。黄色与红色是对比色，而且黄色的明度高，红色的明度低，因此红底黄字可以很好地突出文字信息，使设计更加醒目和吸引人。

此方法同样适用于多颜色主体的版面。只需提取主体的颜色，然后根据造型、排版等方面进行配色的调整，即可得到理想的配色方案。

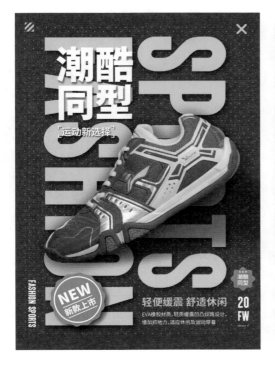

3.3 依据行业属性用色

每一个行业、商品类别在消费者印象中都有着根深蒂固的概念色、形象色、惯用色，人们会凭借色彩来对行业、商品性质进行判断。这种视觉特点是由于人们长期感情的积累，并由感性上升为理性而形成的特定概念。它已经成为人们判断行业、产品的一个重要视觉信号，因此它对色彩设计产生着重要的影响。

比如网络上搜索"科技"关键词时，会发现大量优秀作品都使用了深蓝色作为主色调。

搜索与儿童相关的作品时，会发现众多优秀作品都以明亮的黄色为主色调。

因为蓝色代表智慧和知识，非常符合科技、互联网、数码等需要表达技术性的行业。因此，在进行这些行业作品的设计时，可以优先选择蓝色作为主色调。

因为明快的黄色具有年轻、活力的属性，能够营造出童趣、梦幻、充满活力的氛围，所以在进行与儿童、青少年相关行业作品的设计时，可以优先选择黄色或黄橙色为主色调。

TIPS 运用此方法，需要对行业或商品有一定的了解。可以通过搜索同行业或同商品的优秀作品进行分析，以此来了解它们常用的配色方案。

3.4 依据色彩情感用色

色彩能够渲染气氛并引发联想，是最能影响观者情绪，引起观者心理共鸣的视觉元素。当主色非常清晰、明确时，可以最快速、最简洁地表达出画面的气质和情感。

同样是化妆品包装，使用不同的色调，给人的感受却完全不一样。

清新自然

性感奢华

纯净清爽

华丽时尚

典雅高贵

高端神秘

TIPS

色彩能够激发情感，影响消费者的心情和行为。因此，深入了解色彩对人们心理的影响，把握行业色彩的基本倾向，有助于设计师更好地选择和运用色彩。虽然人们对色彩的联想会因为各种原因而存在差异，但也存在相当程度的共性。因此，设计师在应用某种色彩之前，应充分理解这种色彩的情感意象，以及它在特定环境下带给人们的联想与象征。当然，大自然中颜色是无穷无尽的，对于新手设计师来说，只需记住红、橙、黄、绿、蓝、紫六种基础色相即可，通过这些基础色相的搭配与运用，能够创造出丰富而和谐的色彩设计。

4-色彩情感与联想

4.1 红色

红色在可见光谱中的波长最长，因此其穿透力最强，对视觉的影响力也最大，使其成为最引人注目的色彩。红色的表现力极强，具有强烈的感染力，能够引人注目并激发情感。然而，红色的表现受明度影响显著。当红色处于高饱和状态时，它可以刺激人们的兴奋感，促使血液循环加速，使人感到充满活力与激情。相反，当红色处于低明度状态时，它会给人以稳重、消极、悲观的意味，显得沉静而沉重。

**红色
情感与联想**
EMOTION
AND
ASSOCIATION
——

高明度的红色是最具热烈感的颜色，它经常令人联想到火焰、光明和希望。因此，这种红色非常适合用于表现热情、活力的设计风格。

在我国传统节日期间，红色是最常运用的色彩。在中国人眼里，红色代表着喜庆和吉祥。

红色是代表女性的颜色，因此对女性常有"红颜""红袖"等赞誉。在时尚圈里，张扬的红色永远是那么惊艳和经典。

深红色经常象征着成熟的奢华，它是高贵与华丽的象征。

红色是最醒目的颜色，最容易引起人们的注意。同时，红色也容易使人感到兴奋、激动和冲动，因此在促销中常被选为主色。

红色也有消极的一面，它容易让人联想到鲜血、暴力、狂躁、仇恨、欲望和攻击，因此也被视为危险和警戒的信号。

经典红色色谱

绯红 RGB: 231-37-32 CMYK: 0-95-90-0	**深绯** RGB: 200-22-29 CMYK: 20-100-100-0	**浅绯** RGB: 222-113-98 CMYK: 0-65-50-10
桃红 RGB: 222-113-98 CMYK: 0-47-29-0	**小豆色** RGB: 150-74-68 CMYK: 49-82-57-0	
正红 RGB: 230-18-0 CMYK: 0-100-100-0	**朱红** RGB: 233-77-55 CMYK: 0-83-76-0	**殷红** RGB: 210-31-55 CMYK: 33-100-86-0
淡红 RGB: 252-226-213 CMYK: 0-16-15-0	**玫瑰粉** RGB: 222-113-98 CMYK: 7-42-32-0	
洋红 RGB: 215-0-63 CMYK: 0-100-60-10	**酒红** RGB: 182-0-61 CMYK: 0-100-50-30	**品红** RGB: 228-0-127 CMYK: 0-100-0-0
蔷薇色 RGB: 230-28-100 CMYK: 0-95-35-0	**枣红** RGB: 230-28-100 CMYK: 50-100-92-28	

4.2 黄色

黄色是明度最高的色相，其明度接近于白色。当需要提亮整个画面时，黄色是最佳选择。一旦出现明亮的黄色，它必然为画面注入更多的活力。同时，黄色也经常被用作点缀色，以突出强调某个重要信息，因此在设计中使用频率极高。

然而，由于黄色过于明亮，其性格非常不稳定。稍微添加其他色彩就容易使黄色失去原本的面貌。不同的黄色调可以表达不同的情感基调。例如，柠檬黄给人带来鲜活明快的感觉，橙黄则显得温暖轻松，而深沉的黄色则营造出复古怀旧的氛围。因此，在运用黄色时，我们必须深入了解其情感含义，才能更好地掌握各种色调的黄色所拥有的不同魅力。

黄色
情感与联想

EMOTION
AND
ASSOCIATION
——

 阳光希望

黄色调就像阳光一样，是来自大自然的希望之色，它传达着一种积极向上、充满活力的精神。

 潮流时尚

黄色具有很强的感官刺激性，给人一种尖锐、个性张扬的感觉。因此，黄色也深受潮流时尚类设计的偏爱。

 活力自信

明快的黄色具有年轻活力的属性，它能够让人心情豁然开朗，充满自信。

 童真趣味

明快的黄色系可以营造出充满童趣、梦幻、活力的氛围，特别适合用于体现活泼、热闹、趣味性较强的设计。

 尊贵辉煌

在古代，黄色是帝王之色，因此黄色能够体现出高贵与辉煌感。特别是金黄色，更能展现尊贵的气质。

 醒目警示

高明度的黄色不仅夺目明亮，而且具有强穿透力，可视距离也更远。因此，它能够有效地起到警示作用。

经典黄色色谱

鲜黄色	暗黄色	香槟黄	淡黄色	铬黄
RGB: 255-241-0 CMYK: 0-0-100-0	RGB: 222-202-0 CMYK: 0-5-100-20	RGB: 243-232-168 CMYK: 3-5-40-5	RGB: 254-233-180 CMYK: 0-10-35-0	RGB: 253-208-0 CMYK: 0-20-100-0
月亮黄	连翘黄	鸭黄	樱草色	金黄
RGB: 255-237-97 CMYK: 0-5-70-0	RGB: 237-199-0 CMYK: 5-20-100-5	RGB: 250-255-114 CMYK: 7-0-63-0	RGB: 255-234-86 CMYK: 18-0-71-0	RGB: 250-190-0 CMYK: 0-30-100-0
鹅黄	金色	浅土色	黄土色	土色
RGB: 255-241-61 CMYK: 7-4-77-0	RGB: 219-180-0 CMYK: 0-20-100-20	RGB: 244-202-96 CMYK: 5-21-70-0	RGB: 213-148-0 CMYK: 0-40-100-20	RGB: 195-143-0 CMYK: 0-35-100-30

4.3 橙色

橙色是一种混合了红色和黄色的次级原色。在情感上，橙色的表现相当暧昧，它游离在红色和黄色之间，既继承了红色的热情，又具备了黄色的明快感。当我们看到橙色时，很容易想起太阳的光芒、金色的秋天以及丰硕的果实。它是一种代表富足、快乐和幸福的颜色，充满了积极阳光和活力。不同的橙色会呈现不同的调性，鲜明的橙色富有年轻感，温暖且充满活力；而黯淡的橙色则显得沉稳、含蓄，具有一种优雅复古的感觉。

橙色
情感与联想

EMOTION
AND
ASSOCIATION
——

美味食欲

橙色可以刺激人的味蕾，是最能激发食欲的颜色。因此，在考虑到色彩对顾客心理感受和生理感受的影响时，橙色被大量运用在餐饮方面的设计中，以激发人们的食欲，让人胃口大开。

丰收喜悦

明媚、积极的橙色经常使人联想到金色的秋天和丰硕的果实。而秋天所象征的积极意义是丰收和富饶的季节。因此，橙色又被赋予了富足、喜悦和幸福的意义。

温暖舒适

与热情四射的红色相比，橙色显得更加温和。它是暖色中最温暖的颜色，使人感觉如同沐浴在阳光下，温暖而美好。因此，经常被运用在需要表现温馨场景的设计中。

活泼醒目

橙色和黄色一样，都具有高明度的属性。鲜明的橙色给人明快、活泼、振奋的感觉，具有引人注目的能量，使作品显得生机勃勃。

复古典雅

黯淡的橙色显得沉稳而含蓄。当搭配一些淡雅的色彩时，它能营造出怀旧的氛围，具有优雅复古的感觉。因此，这类橙色如果运用得当，可以演绎出雍容华贵、典雅的感觉。

香甜愉悦

橙色作为柑橘类水果的颜色，可以传达出夏天、维生素C和健康的概念。它给人一种甜蜜的直观印象，就像蜂蜜一样黏黏的、甜甜的，是一种能让精神和身体都感受到愉悦的理想颜色。

经典橙色色谱

橙	橙黄色	杏黄色	枯黄	绢色
RGB: 227-135-0 CMYK: 5-55-100-5	RGB: 239-126-0 CMYK: 0-62-100-0	RGB: 246-173-60 CMYK: 0-40-80-0	RGB: 211-177-125 CMYK: 22-34-54-0	RGB: 235-201-151 CMYK: 0-20-40-0
橘红色	橘褐色	琥珀	棕色	米色
RGB: 216-33-13 CMYK: 0-70-100-0	RGB: 234-85-41 CMYK: 0-80-85-0	RGB: 202-105-39 CMYK: 26-70-92-0	RGB: 141-80-25 CMYK: 40-70-100-25	RGB: 227-204-168 CMYK: 0-15-30-15
橘色	赭石	肤色	黄褐色	咖啡色
RGB: 223-104-0 CMYK: 5-70-100-5	RGB: 220-140-55 CMYK: 5-50-80-10	RGB: 247-187-149 CMYK: 0-35-40-0	RGB: 193-139-65 CMYK: 0-40-70-30	RGB: 113-59-18 CMYK: 40-75-100-40

4.4 蓝色

蓝色是红绿蓝三原色中的重要成员。在多项关于最喜爱颜色的民意调查中，蓝色被大部分人评选为最喜欢的颜色。蓝色之所以能获得如此高的喜爱度，是因为它本身拥有既自由又保守的双重性格，这种性格能迎合大多数人的口味。此外，蓝色还能带给人美好的联想，如大海的包容和天空的广阔，让人联想到自由和理想等概念。

然而，蓝色的表现也会因为明度的差异而产生很大的变化。不同的蓝色会给人带来不同的感受。例如，接近白色的亮蓝色会给人带来柔和、清爽的感觉，而接近黑色的蓝色则会给人带来理性和刚毅的感觉。

**蓝色
情感与联想**

EMOTION
AND
ASSOCIATION

———

蓝色代表知识和智慧，它会让人联想到抽象和未来。因此，蓝色非常符合科技、互联网、教育、汽车、数码等需要表达技术性的行业。

蓝色具有沉稳的特性，因此被誉为最安全的颜色。蓝色还能令人心情安宁，所以在医院里很多设施都采用淡蓝色，这样能让病人感到放松，给人安全感和信任感。

蓝色经常让人联想到辽阔的天空和深邃的大海。因此，它能够最大限度地发挥这些自然元素的视觉特性，让人感觉纯净和美好，体验到宁静与广阔。

蓝色是最冷的颜色，在心理上会让人产生明朗清爽、冷静通透的感受。因此，夏日凉爽主题和冬日寒冷主题的设计都可以以蓝色为主色调来表现。

饱和度较低和亮度较低的蓝色具有沉稳、严谨的特点。这种蓝色是商务领域经常选择的颜色，因为它代表着自信和稳健，符合商务场合需要的专业、可靠的形象。

蓝色具有抑制兴奋、使人冷静的效果，因此有时也会给人留下忧郁、悲伤、寂寞、失望的印象。

经典蓝色色谱

蓝色 RGB: 227-135-0 CMYK: 5-55-100-5	**蔚蓝** RGB: 35-173-229 CMYK: 70-10-0-0	**天青** RGB: 135-197-237 CMYK: 48-8-0-0	**青色** RGB: 0-92-172 CMYK: 95-60-0-0	**深青灰** RGB: 0-81-120 CMYK: 100-70-40-.0
深蓝色 RGB: 0-95-150 CMYK: 100-35-10-30	**钴蓝** RGB: 0-122-179 CMYK: 95-35-15-5	**水蓝** RGB: 89-194-225 CMYK: 60-0-10-0	**藏青** RGB: 41-76-122 CMYK: 90-75-35-0	**蓝灰色** RGB: 161-175-201 CMYK: 43-28-13-0
群青 RGB: 0-63-52 CMYK: 100-80-0-0	**浓蓝** RGB: 0-89-119 CMYK: 100-40-30-35	**水色** RGB: 113-199-213 CMYK: 55-0-18-0	**藏蓝** RGB: 58-46-118 CMYK: 90-95-25-0	**靛蓝** RGB: 113-59-18 CMYK: 40-75-100-40

4.5 绿色

绿色是一种中性色，其明度和纯度都不高，属于比较中庸的颜色。它既能传递温暖的感觉，又能营造寒冷的氛围，因此绿色的性格最为平和、安稳、大度。当绿色中夹杂黄色时，它会散发出暖意；而当绿色中带有蓝色时，则会显得寒冷。绿色调非常宽泛，因此蕴含了广阔的情感空间。例如，淡绿色可以给人带来清爽的春天感觉，而深绿色则显得高雅、沉稳且有档次。当高饱和度的绿色与暗色搭配时，可以让设计作品呈现"潮"的感觉。正是由于这些特性，绿色被广大设计师广泛应用在各种设计中。

绿色
情感与联想

EMOTION
AND
ASSOCIATION
———

绿色是属于大自然的色系，春意盎然的绿色可以营造清新、充满生机的氛围。

由于绿色的平和特性，它对视觉的刺激较少，给人一种安定感，具有使人平静、放松的效果。

绿色是代表春天的颜色，它给人生机勃勃、万物复苏的感觉，同时也代表着孕育生命。

绿色是生命的象征，也是青春活力的表达。它新鲜而不失清澈，显得充满朝气和活力。

绿色是一种洁净、新鲜的颜色。此外，颜色还能影响人类对味觉的判断。在人们的印象中，大多数绿色的水果被视为未成熟的，带有酸涩的味道。

绿色是一种安全、健康的颜色。在产品设计中，绿色能够传递出材料的原生态特质，因此对于食品、保健、有机产品等的设计来说，绿色是最佳的选择。

经典绿色色谱 ———

嫩绿 RGB: 227-135-0 CMYK: 5-55-100-5	浅绿 RGB: 200-22-29 CMYK: 5-40-50-5	海洋绿 RGB: 30-160-132 CMYK: 75-10-55-5	青灰绿 RGB: 65-141-109 CMYK: 75-30-65-0	绿白色 RGB: 176-220-213 CMYK: 35-0-20-0
绿色 RGB: 255-0-0 CMYK: 60-0-100-0	浓绿 RGB: 61-125-82 CMYK: 70-20-70-30	苹果绿 RGB: 202-105-39 CMYK: 45-10-95-0	墨绿 RGB: 0-100-80 CMYK: 90-35-70-30	橄榄绿 RGB: 98-90-5 CMYK: 45-40-100-50
黄绿 RGB: 207-220-40 CMYK: 25-0-90-0	叶绿 RGB: 133-173-79 CMYK: 50-10-80-10	碧绿 RGB: 66-170-145 CMYK: 70-10-50-0	翡翠绿 RGB: 21-174-103 CMYK: 75-0-75-0	苔绿色 RGB: 135-134-55 CMYK: 40-75-100-40

4.6 紫色

紫色是波长最短的颜色，在自然界较为罕见，并且明度也较低。它由温暖的红色和冷静的蓝色化合而成。相比于红色，紫色更柔和；相比于蓝色，紫色更温暖。和绿色一样，紫色也是中性色，处于冷暖之间的游离不定状态。不同亮度的紫色给人的感受也不同，幽暗深邃的紫色显得高贵神秘，而明度较高的紫色则显得浪漫优雅。因此，可以根据紫色与不同色彩的搭配，创建出不同的情感基调。

紫色
情感与联想

EMOTION
AND
ASSOCIATION

—

在中国的传统文化里，紫色被视为尊贵的颜色。在古代西方，紫色则象征权力，专为国王和贵族官员所用。因此，紫色非常适合用于表达奢侈品的高端奢华感。

紫色带有暗色的特质，与生俱来的神秘和梦幻气质，使它非常适合运用在体现性感、妩媚的产品定位的设计中。

较浅的紫色让人联想起女性的优雅与温柔形象，有助于营造出浪漫、唯美的氛围。

神秘梦幻的紫色与科技感十足的蓝色相搭配，呈现一种前卫时尚的风格。

经典紫色色谱

紫色	蓝紫色	虹膜色	紫水晶	青莲
RGB: 146-7-131	RGB: 146-61-146	RGB: 145-112-170	RGB: 126-73-133	RGB: 105-49-142
CMYK: 50-100-0-0	CMYK: 5-40-50-5	CMYK: 50-60-5-0	CMYK: 60-80-20-0	CMYK: 35-0-20-0

红紫色	青紫色	薰衣草	丁香	雪青
RGB: 255-0-0	RGB: 119-95-159	RGB: 210-195-209	RGB: 187-160-203	RGB: 165-154-202
CMYK: 60-0-100-0	CMYK: 60-65-5-5	CMYK: 45-10-95-0	CMYK: 30-40-0-0	CMYK: 40-40-0-0

蝴蝶花	香水草	黛紫	酱紫	暗紫色
RGB: 138-0-97	RGB: 94-12-94	RGB: 87-66-102	RGB: 126-83-115	RGB: 133-35-125
CMYK: 35-100-10-30	CMYK: 65-100-20-30	CMYK: 76-82-46-8	CMYK: 60-75-40-0	CMYK: 55-95-10-5

TIPS 当一种颜色无法准确传递情感信息时，我们可以运用多种颜色组合搭配的方式来创造更细腻、丰富的画面效果，从而更准确地传递信息。

5-副色与点缀色的搭配方法

如果说确定主色相对容易，那么副色和点缀色的选择就相对有难度了。这难在设计师需要对色彩语言有深入的了解，同时要具备深厚的色彩搭配能力。

副色在强调和突出主色的同时，也必须符合设计所需要传达的风格，既要完成传达信息的任务，又要使整个画面更加饱满丰富。如果设计师想让画面显得更丰富、热闹，可以添加点缀色。点缀色可以起到装饰版面的作用，并为其增添更多的层次和细节。

为了更好地掌握副色和点缀色的运用技巧，本节为大家提供了 4 种方法。这些方法将帮助设计师更好地选择和运用色彩，创造出更加生动、和谐的设计作品。

① 运用色相环　　② 使用配色网站 Adobe Color　　③ 借鉴优秀作品

5.1　运用色相环

色彩搭配不仅要求设计师具备一定的色感，还需要设计师理解色彩之间的关系，并合理有效地运用它们，以达到和谐平衡的效果。色相环是我们认识和理解颜色关系的重要工具。

通过色相环，设计师可以直观地了解到主色与其他 5 种色相之间的关系，从而轻松地按照同类色相、类似色相、邻近色相、中差色相、对比色相、互补色等进行配色。在色相环上，色相离得越近，搭配起来就越柔和；相隔越远，对比就越强烈。

────── 色彩之间的搭配大体上可以分为三大类 ──────

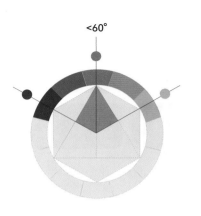

<60°

对比柔和的配色
（同类色搭配、类似色搭配、邻近色搭配）

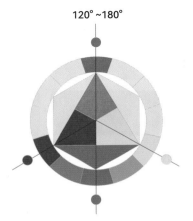

120°~180°

对比强烈的配色
（对比色搭配、互补色搭配）

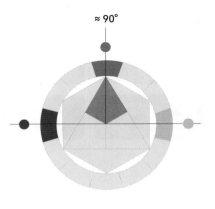

≈ 90°

对比中等的配色
（中差色搭配）

5.1.1 对比柔和的配色——同类色配色

同类色配色是一种只使用同一种色相进行色彩搭配的方法。虽然同类色搭配没有形成明显的颜色对比，但是利用同一色相中纯度、明度的层次变化，也可以创造出良好的视觉效果。同类色配色并不意味着单调，相反，在很多设计项目中，同类色配色都表现出了极强的表现力。优秀的同类色配色并不一定比多色配色逊色，相反，它们同样可以创造出丰富多彩、生动有力的视觉效果。

同类色配色可以产生低对比度的和谐美感，给人以协调统一的感觉。这种配色方法简约大气，色调干净统一且稳定，容易创造出和谐与平衡的感觉。因此，同类色配色是一种相对较容易掌握的配色方法，适用于多种设计场景，无论是平面设计、网页设计还是产品设计等，都能够取得良好的视觉效果。

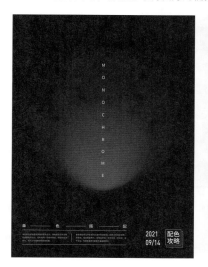 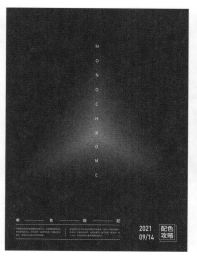 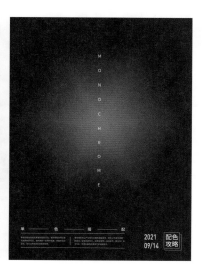

虽然选择了多个颜色进行搭配，但是通过同类色的搭配方式，仍然可以获得统一协调的视觉效果。

5.1.2 对比柔和的配色——类似色、邻近色配色

类似色和邻近色在色相上较为接近，因此具有较强的相似性因素。它们在色彩的冷暖属性以及情感特性上都比较类似，所以邻近色的搭配能够很好地保持画面的协调性和统一性。

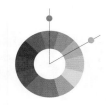

与单色配色相比，邻近色配色增加了色相对比，从而使视觉效果更加丰富多样。这种配色方式既保留了色彩的协调性和统一性，又引入了适度的对比，形成了既有对比又协调统一的色彩基调。对于新手设计师来说，邻近色配色是一种常用且不容易出错的配色方式，因此它也是在设计中使用频率较高的配色方案之一。

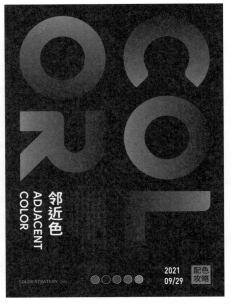
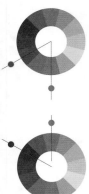

5.1.3 对比柔和的配色特点与使用技巧

优点

这种配色方法可以产生低对比度的和谐美感，在视觉上形成协调统一的感觉。它的对比比较柔和，容易把控，使设计作品看起来简约大气、色调干净。同时，这种配色方法还能够带来平衡和稳定的视觉效果。

缺点

该配色方法的冲击性相对较弱，如果运用不当，可能会显得单调，缺少视觉层次感。为了避免产生单调、呆板的感觉，设计师需要通过纯度和明度的变化来拉开画面层次，增加设计的丰富性和深度。

使用技巧

由于同类色配色的对比度没有多色配色那么明显，因此在同一配色方案内，不同的颜色之间需要形成明暗变化，以构成一个阶梯型的色阶。

邻近色在色相方面会稍微丰富一些，但仍然可能存在色调过于单一、对比不够强烈的问题。为了解决这个问题，设计师一般会拉开颜色之间的明度或纯度，形成明暗对比。通过调整颜色的明度和纯度，可以增加色彩的层次感和对比度，使画面更加鲜明、生动。

5.1.4 对比强烈的配色——对比色配色

通常，在色相环上相距 120°~180°的颜色被称为"对比色"。由于对比色在色环上相距较远，色彩差异较大，因此它们产生的视觉效果强烈而鲜明，具有很高的视觉冲击力。

其中，"黄 - 红 - 蓝"和"橙 - 紫 - 绿"是最典型的对比色组合。

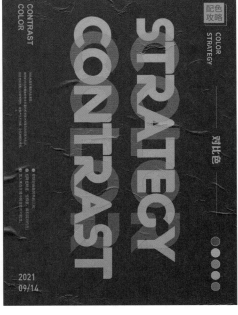

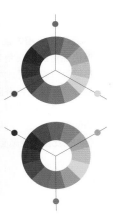

5.1.5 对比强烈的配色——互补色配色

通常将在色相环上相对 180°的两种颜色称为"互补色"。由于互补色在色相上相距最远，色彩差异最大，因此它们在视觉上会产生极大的隔离感。当互补色组合在一起时，会产生相互衬托、相互抗衡、相互排斥的感觉，使各自的色相更加突出，更加艳丽。合理地搭配互补色往往会产生强烈的视觉冲击力，为设计带来鲜明的对比和动感。

虽然从色环上来看，互补色组合可以有很多组，但实际上最常用的互补色组合有 3 组，它们分别是红和绿、蓝和橙、紫和黄。

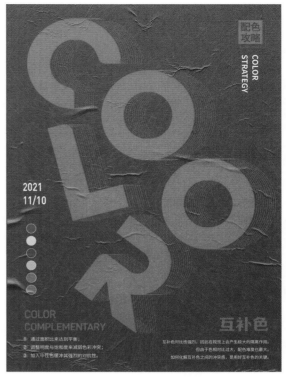

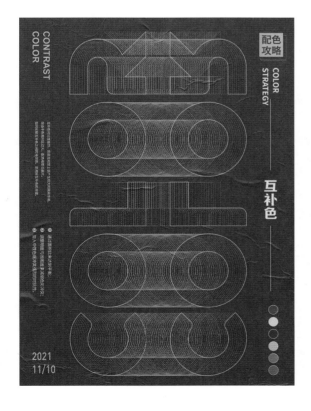

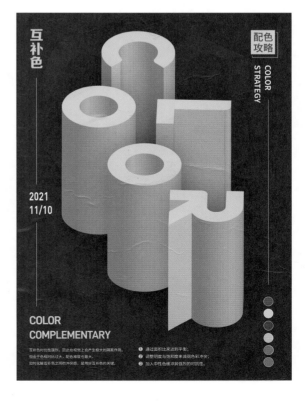

5.1.6 对比强烈的配色特点与使用技巧

優点 ⟩

视觉冲击力强，层次丰富，富有跳跃性。由于对比色具有强烈的反差性，因此鲜明的对比效果能够带来丰富的视觉层次感和强烈的视觉冲击力。

缺点 ⟩

在色彩搭配上比较难把控，容易产生不协调、杂乱刺眼的感觉。对比色虽然可以带来强烈的视觉冲击力，但运用不当也容易导致设计作品显得杂乱无章，刺眼而不和谐。

使用技巧 ⟩

1. 控制好画面的色彩比例

当使用面积相近的互补色进行搭配时，会产生强烈的冲突感和浓烈的情感表达，非常适合夸张、张扬的设计。然而，在大多数情况下，设计师会选择一种颜色作为主色调，让大面积的色相占据主导位置，再用小面积的色彩去点缀和丰富画面。

2. 降低明度、饱和度，调和其对抗性

为了降低色彩冲突带来的视觉刺激，可以通过降低明度、饱和度的方式来调和其对抗性。这样做既可以保留对比强烈搭配的特点，使设计保持活力和张力，同时又不会过度刺激观者的视觉感官，让画面更加和谐舒适。

3. 加入中性色，缓和其强烈的对抗性

互补色鲜艳热烈，中性色（黑、白、灰）则毫无情绪感，显得中庸冷静。在对比色中加入中性色可以很好地调和画面的平衡，使设计作品既保持对比鲜明的特点，又不失整体的和谐感。

5.1.7 中等对比的配色——中差色配色

中差色对比是指在色相环中相距约 90°的色彩所产生的对比。这种对比属于中庸的对比，与柔和的配色相比，它具有更好的对比度，能够使画面的色彩更加丰富。同时，它也没有强烈配色那么强烈的冲突感，因此能够在丰富画面的同时保持协调统一。

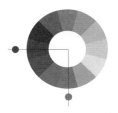

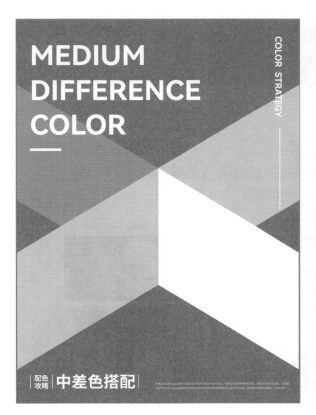
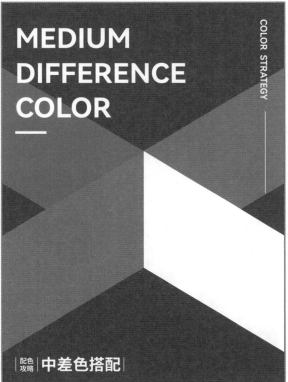

TIPS

中差色配色属于中度对比，在色彩设计中应用广泛。然而，由于色彩对比不够明确，如果不妥善运用，很容易产生沉闷感。因此，在运用中差色配色时，必须注意调整明度、纯度和面积的差异，以打破沉闷感，增加层次感和视觉活力。

5.2 使用配色网站 Adobe Color

目前，网络上存在大量的配色网站，这些工具对于配色基础较为薄弱的新人而言，将提供极大的帮助。在此，向大家推荐一款由 Adobe 公司出品的极为高效的在线配色工具──Adobe Color。这款工具具备"色轮"、"从图像撷取"、"探索"以及"趋势"四大核心功能，这些功能可以为我们提供强大的配色辅助。有兴趣的人可以通过搜索：Adobe Color，进一步了解和运用这款工具。

5.2.1 从"色轮"创建颜色

在选择一个基础颜色的情况下，我们可以利用 7 种不同的调色规则来创建颜色主题。一旦基础颜色设置完成，另外 4 个关联颜色将会自动生成。接着，我们可以使用色盘、亮度以及不同颜色模式的滑块来进一步调整和选择所需的颜色。

调色规则具有多种模式，包括类比、单色、三元群、补色、分割补色、双分割补色、正方形、复合模式、浓度以及自定义等。

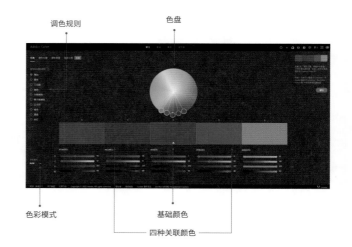

接下来，我们将使用 Adobe Color 进行配色示范。首先，选择橙色作为基础颜色，然后系统会自动生成 4 种与橙色关联的颜色。接下来，我们可以将这些生成的颜色配置到预先设计好的画面中，以观察配色效果。

单色搭配

类比色搭配

三元群搭配

补色搭配

分割补色搭配

正方形搭配

5.2.2 从图片创建颜色

我们还可以从本地上传图片，并选择相应的调色规则，系统会自动从图片中提取颜色。可选的调色规则包括彩色、亮色、柔和、深色、暗色以及自定义。例如，我们可以上传一张照片，选择"彩色"规则，系统将会从图片中提取 5 种颜色。然后，将这 5 种颜色应用到我们的设计中，从而创造出新的配色方案。这种方法既方便快捷，又能确保配色方案与原始图片的色调和氛围相契合，为设计提供灵感和一致性。

5.2.3 从"探索"创建颜色

从"探索"菜单中，我们可以获取到来自全球各地优秀设计师的配色方案。这些方案不仅为我们提供灵感，还可以在此基础上进一步编辑，以满足设计的具体需求。此外，我们还可以将自己喜欢的配色方案下载并保存到"我的主题"中，以便日后随时使用和参考。

5.2.4 从"趋势"创建颜色

该功能从 Behance 和 Adobe Stock 的创意社群中获取了以下几个类别的色彩趋势。

- 时尚：通过流行时装来探索色彩趋势，展示时尚界最新的色彩风向。
- 图形设计：展示 Behance 上最佳平面设计作品的色彩趋势，为设计师提供灵感。
- 插图：从 Behance 插图收藏馆方案中撷取的调色盘，呈现丰富的色彩搭配。
- 建筑：从室内设计到未来城市风貌，无所不包，展示建筑领域的色彩趋势。
- 游戏设计：探索 Behance 游戏设计师的最新色彩趋势，为游戏界面和角色设计提供参考。
- 荒野：运用自然界的"动态调色盘"寻找色彩灵感，体现大自然的原始与美丽。
- 风味：透过美食摄影中的最新趋势，探索丰富的色彩，展现食物的诱人之处。
- 旅行：透过旅游照片中收集的调色盘，再现各种地域、文化和风景的色彩。

TIPS

利用 Adobe Color，设计师可以轻松创建多个配色方案，从而提高设计效率。然而，配色并不仅是一个简单的选择过程，而是需要复杂思考和反复调整的过程。虽然配色方案可以为设计师提供有价值的参考，但在实际的版面设计中，还需要根据具体情况进行调整。尽管配色工具为我们提供了大量的配色选择，但并非每一组配色方案都适合我们的设计需求。最终，配色的选择仍需基于客户的需求、受众的喜好以及产品的特点进行综合考量。这样才能确保配色方案与整体设计理念相契合，实现最佳的设计效果。

5.3 借鉴优秀作品

对于初学者来说，学习设计往往从模仿开始。模仿优秀的版式，借鉴优秀的字体设计，当然也包括模仿卓越的配色方案。这是新手学习配色的最简单、最有效的方法。

通过多看、多分析优秀作品中的配色，初学者可以逐步提高自己对色彩的敏感度。同时，这样的练习也有助于训练自己调色和分析作品的能力。这种学习方法对于想要快速提升配色水平的设计师来说，是一条行之有效的途径。在模仿与学习的过程中，初学者能够不断积累经验和灵感，为日后的独立设计打下坚实的基础。

配色示范

由于我们的案例偏向年轻、时尚与潮流风格，因此，可以有针对性地寻找类似风格的作品来进行借鉴和学习。

TIPS

在设计过程中，我们需要注意并不是所有优秀作品的颜色都适合我们所设计的作品。仅照搬颜色并不能保证我们做出好的设计。在设计之前，我们应该对设计作品所要传达的内容进行仔细的思考和分析。然后，我们需要观察作品中的色相、色调、明度、气质、氛围等是否适合这个设计。更重要的是，我们要在借鉴的基础上加入主动性创作，结合自身的创意和想法，打造出独特且符合设计要求的作品。

6 - 色彩色调

除了色相，颜色的变化还可以通过调整明度和饱和度来产生不同的色调。这些千变万化的色调给人的感受也各不相同，设计师正是通过对色调的深刻认识和巧妙搭配，创作出触动观者心灵的作品。

色彩的色调是指画面所呈现的统一色彩感和色彩倾向，它是画面给人的整体色彩印象。色调的分类方式多种多样，本节将主要以颜色的饱和度和明度强弱、浓淡为依据，将色调分为纯色调、明色调、浊色调和暗色调进行分析。

6.1 纯色调

纯色调是由高纯度色相构成的色调，它在所有色调中最为鲜艳，对感官的刺激也最为强烈。因此，纯色调能够最直接、最明了地体现色彩的情感，同时也具有最强的视觉冲击力。

纯色调能够传达出积极、活力、热情、浓郁等积极的意向，给人一种鲜明且充满活力的感觉。然而，如果运用不当，纯色调也可能带给人低档、庸俗、肤浅、花哨、浮夸等消极的意向。

COLOR
MATCHING
STRATEGY

配色
攻略

▶ 纯色调 / Solid color ——— ▶ 明色调 / Bright color ——— ▶ 浊色调 / Turbid color ——— ▶ 暗色调 / Dark color

6.2 明色调

明色调是在纯色基础上加入白色混合得到的色调。由于加入了白色，明色调提高了原纯色的明度，色感相对被减弱，给人以轻柔、纯洁的印象。这种色调显得更简洁、明朗、清爽、舒适，充满朝气蓬勃的感觉。

明色调通常给人留下年轻、纯真、温柔、舒适、清澈、干净、明亮、清爽、梦幻、雅致等积极的印象。这些意向使明色调在设计中很受欢迎，特别是在需要传达清新、明亮、轻松氛围的作品中。然而，如果明色调使用不当，也可能带给人一些消极的意向。

6.3 浊色调

浊色调是在纯色基础上通过降低其饱和度，或者由多种色彩调和而成的色调。它属于一种比较中性的色调，相对于纯色，浊色调中色相的视觉表现力有所降低，更带有一种含蓄的特质。在运用浊色调时，设计师需要注意对灰色的把控，因为灰色在浊色调中占有重要地位。如果灰色运用不当，很容易导致整个画面显得压抑、脏乱。

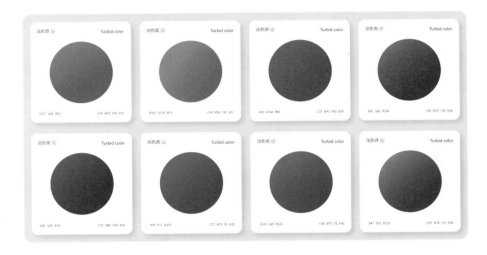

浊色调通常会给人带来沉重、稳重、成熟、朴素、庄重、雅致、古朴等积极的意向。这种色调在设计中经常被用来营造一种经典、复古或者高雅的氛围。然而，如果浊色调使用不当，也可能会产生一些消极的意向。例如，可能会让人感觉土气、保守、迟钝、消极、阴暗、肮脏等。

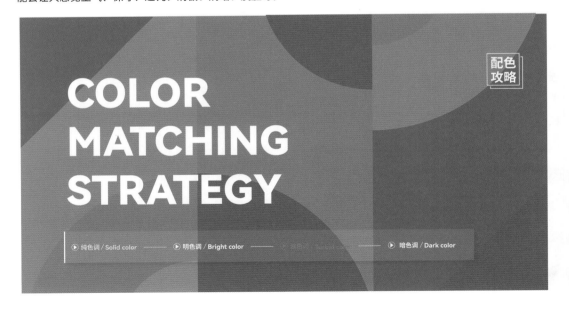

6.4 暗色调

当纯色调中加入黑色，色调变暗，形成暗色调。在暗色调中，各种颜色的色相只能隐约显示，色彩属性进一步减弱。为了营造明暗对比和平衡视觉效果，一般需要搭配较明亮的颜色。暗色调在设计中能表现出男性的特征，展现力量感和高格调，形成庄重、严肃的色彩感觉。这种色调常用于表达神秘、高贵、沉稳、内敛等风格，给人一种强烈而深沉的视觉印象。

暗色调给人深邃、高端、阳刚、力量、神秘、奢华、严肃等积极意向，但使用不当也会让人感受到阴暗、压抑、沉重、恐怖、不安等消极意向。

6.5 实操案例解析

纯色调

使用高纯度的颜色组合，可以产生强烈的色彩对比，这样的设计具有个性张扬的时尚感和强烈的视觉冲击力。

明色调

通过提高色彩的明度，并运用明色调进行配色，可以使对比显得更为柔和。这样的色彩搭配具有年轻、明快的时尚感，给人留下轻柔纯洁的印象。同时，它还能传达出温馨幸福、甜美梦幻的感觉，使人感到轻松愉悦。

浊色调

通过降低色彩的饱和度，并运用浊色调进行配色，可以使色彩呈现一种比较中性的感觉。这种浊色调在视觉感受上很柔和，不会给人过于刺眼或强烈的感觉。浊色调带有几分深沉与暗淡，因此可以营造出典雅、朴实的氛围。

暗色调

降低色彩明度，采用暗色调进行配色，这种暗色调只能隐约显示出各种颜色的色相，使色彩属性更显微弱。然而，暗色调却能够给人一种稳重、有品质感的视觉感受。这种配色方式往往能够营造出高端、大气的氛围，让人感受到设计的质感与厚重。

TIPS

在开始设计之前，我们需要深入思考这个作品的设计需求是什么。首先，概括出准确的关键词，这些关键词实际上就是设计的定位。根据这些关键词，我们可以确定一个明确的色彩基调，这个色调将成为整个设计的核心。接下来，我们可以在这个色调的基础上进行下一步的配色。这种方法能够确保我们的配色方案更加符合设计的风格定位。

7-为什么会有"色差"

在设计印刷品时,设计师不仅需要考虑图像、文字等元素的搭配,更要精心考虑各元素的颜色配合。一个重要的方面是,设计师必须确保所设计的颜色能够在印刷过程中得以实现,并确保印刷出来的颜色准确无误。如果图像在屏幕上的颜色调整得当,但在印刷后产生色差,那么再好的创意也将无法完全展现。毕竟,我们最终需要的是高质量的印刷品,而不仅是屏幕上的显示效果。

7.1 RGB 模式

红色、绿色和蓝色是色光的三原色,基于此,我们建立了 RGB 色彩模式。在 RGB 色彩模式下,图像仅使用这 3 种颜色。当这 3 种色光以不同的强度叠加混合时,它们能够在屏幕上重现自然界中的各种颜色。

每种颜色红、绿、蓝各有 256 级亮度,从 0 到 255,可以用数字表示。因此,256 级的 RGB 色彩组合能够产生大约 1600 万种不同的色彩。由于这种广泛的色彩覆盖和准确性,RGB 色彩模式是计算机、手机、投影仪、电视等屏幕显示设备的最佳色彩模式。

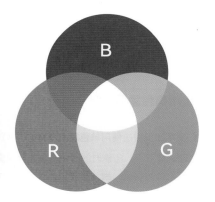

7.2 CMYK 模式

当使用 RGB 模式来描述颜色时,其针对的媒介是显示器。然而,当我们把设计好的作品打印出来时,针对的媒介就变成了色料。

经过长期的观察,人们发现色料中有 3 种颜色。通过不同的比例混合,这 3 种颜色可以调配出许多其他颜色,而它们自身则无法用其他颜色调配出来。这 3 种颜色就是青色、洋红色和黄色,它们被称为"色料三原色"。

与 RGB 模式类似,C、M、Y 是 3 种印刷油墨名称的首字母,它们分别是青色(Cyan)、洋红色(Magenta)和黄色(Yellow)。从理论上讲,印刷只需要 C、M、Y 3 种油墨就足够了,因为它们加在一起应该得到黑色。然而,由于当前制造工艺的限制,我们还无法制造出高纯度的油墨。因此,C、M、Y 相加的结果实际上得到的是深灰色,不足以表现画面中最暗的部分。所以,必须加入黑色油墨来弥补这一不足。此外,黑色油墨还可以让暗部的细节更加明晰,让中间调和暗调更加清晰可辨。

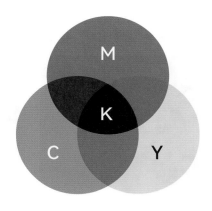

7.3 印刷色的骨架——黑版

黑色的油墨并没有缩写成 B（Black），这是为了与 RGB 中的 B（蓝色）区分开。那么为什么选择了 K 作为缩写呢？这是因为 K 是 Key plate 的缩写。在印刷中，K 印版起到了关键作用，可以视作图像中的"骨架"。

如果你用放大镜仔细观察印刷品，你会发现在暗部区域聚集了大量的黑色网点。在一张印刷品上，从高光区域到中间调，再到暗调，黑色油墨的浓度逐渐增加，从无到有，越来越浓。

传统的四色印刷机配备有 4 个印刷滚筒，它们分别负责印制青色、洋红色、黄色和黑色图像。当一张白纸进入印刷机后，它会依次经过这 4 个滚筒，分别印上 4 种油墨，最终形成彩色印刷品。

使用黑色需要注意

1. 文字和细线应使用单色黑 (C0 M0 Y0 K100)

在理想情况下，印刷时的四色应该完全重叠。然而，在实际工作中，套色难免会有误差。当油墨错位大于 0.1mm 时，人眼就能察觉出来。如果使用 Photoshop 默认的四色黑印刷文字和细线，因为需要印刷 4 次颜色，只要青色、洋红色、黄色和黑色稍微没有对准，文字和细线就会变得模糊。所以，使用单色黑可以避免这种情况。

四色黑
(C100 M100 Y100 K100)

版式攻略 layout strategy

单色黑
(C0 M0 Y0 K100)

版式攻略 layout strategy

2、大面积的黑色

当需要印刷大面积的黑色时，最好加入一些蓝色，如本书大面积黑色使用的是"C30 M0 Y0 K100"，能够在保持黑色的饱满度的同时，增加印刷品的层次感和质感。

C30 M0 Y0 K100

C0 M0 Y0 K100

TIPS

大面积印刷不要使用单色黑（C0 M0 Y0 K100），这是因为墨量少、墨层薄，印刷后可能会发灰。所以在单黑中混入其他色彩，可以让黑色看起来更厚重。

注意不要使用软件默认的黑色（C93 M88 Y89 K80），印刷中 CMYK 四色总值尽量控制在 300 以内，否则极易印糊、印透。

7.4 色域

许多人都可能遇到过这样的情况：在计算机上使用 RGB 色彩模式的设计图，当将其转换为印刷用的 CMYK 色彩模式时，颜色会变得灰暗（有时甚至可能出现颜色断层）。此外，使用手机预览采用 CMYK 色彩模式的图片时，由于看图软件或工具的支持不足，颜色可能会严重失真。这种情况不仅影响了图片的视觉效果，还可能对印刷品的最终质量造成不良影响。

  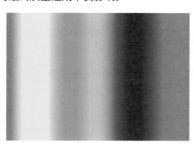

RGB 模式
（计算机显示器预览：正常显示）

CMYK 模式
（计算机显示器预览：颜色偏灰）

CMYK 模式
（手机预览：颜色失真）

在颜色空间中，所能表现的颜色范围被称为"色域"。不同的颜色空间具有不同的色域广度。各种颜色空间可以在计算后进行相互转换，但在转换过程中，原有颜色空间中的颜色在变换后的颜色空间中可能并不存在，因此会产生一定的色差。

一般而言，显示器上的颜色（RGB 色彩模式）比印刷品的颜色（CMYK 色彩模式）更为鲜艳明亮。这主要是因为 RGB 色彩模式比 CMYK 色彩模式能够呈现更广泛的色域。换句话说，显示器上许多鲜亮的颜色（RGB）在油墨印刷品（CMYK）中是无法完全表现的。

如果使用 RGB 色彩模式进行印刷，会产生很大的颜色偏差。同样地，在显示器上看 CMKY 色彩模式的图像也可能不准确。因此，针对不同的媒介，设计师需要使用不同的颜色模式进行设计，以确保颜色的准确呈现。

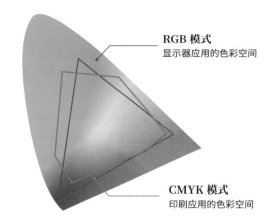

RGB 模式
显示器应用的色彩空间

CMYK 模式
印刷应用的色彩空间

色域警告

在印刷过程中，所有彩色图片都必须采用 CMYK 模式，而不能使用 RGB 模式。这是因为 RGB 模式可能会显示出无法印刷的颜色，从而在设计和印刷过程中产生严重偏差。

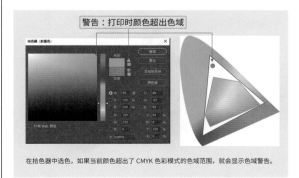 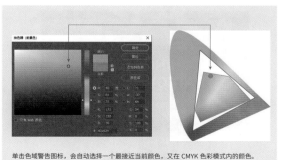

在拾色器中选色，如果当前颜色超出了 CMYK 色彩模式的色域范围，就会显示色域警告。

单击色域警告图标，会自动选择一个最接近当前颜色，又在 CMYK 色彩模式内的颜色。

TIPS

1. RGB 色彩模式和 CMYK 色彩模式可以相互转换，例如在 Photoshop 中执行"图像"-"模式"命令。但需要注意的是，色彩模式转换后可能会产生大量的数据损失，因此最好在设计之初就选择正确的色彩模式，以避免因色彩模式转换而产生的色差问题。

2. RGB 色彩模式是计算机、手机、投影仪、电视等屏幕显示设备的最佳颜色模式。如果设计品需要在这些设备上展示，那么优先选择 RGB 色彩模式。

3. 如果最终设计品需要使用喷绘、写真、印刷等方式输出成品，那么在设计时必须使用 CMYK 色彩模式，以确保颜色的准确还原。

4. 当使用 CMYK 色彩模式设计的稿件需要发给客户在计算机显示器上进行校对时，必须将其转换为 RGB 色彩模式。否则，由于色域的差异，可能会产生颜色失真的情况。

7.5 如何减少色差

在进行图形设计时，我们通常都使用计算机来完成。然而，当我们将设计品转化为最终的印刷品时，仅凭计算机屏幕上显示的图像，我们无法完全掌握成品的颜色。为了解决这个问题并减少色差，我们可以采用以下几种方法。

7.5.1 校准显示器

按照印刷品来校准屏幕是一种常用的方法。通过将设计稿与印刷成品相对比，并调整屏幕颜色以使其尽量接近印刷品的颜色。设计师在计算机上调色时，能够更好地模拟和控制最终印刷品的色彩。

为了使显示器的颜色尽可能接近印刷品所能表现的色域范围，专业的设计制版公司必须对显示器进行校正。然而，由于色域和硬件等因素的影响，显示器和印刷品之间的颜色匹配无法达到完全一致。

7.5.2 使用印刷色谱

为了获得客观、准确的色彩呈现，设计师可以参考印刷色谱来确定某些特定的色彩，如 VI 标准色。色谱因其直观性和实用性，成为印刷行业最常用的颜色表示方法，并作为一种具有指导意义的颜色参考工具。印刷色谱基本上覆盖了所有常用印刷颜色的范围，设计师可以根据色样来挑选和设置颜色数值，以满足颜色设计的需要。

从理论上讲，印刷色谱只能在纸张、油墨、制版工艺、印刷工艺条件完全相同的复制过程中使用。因此，参考色谱和最终印刷品所呈现的色彩不可能达到完全匹配。

7.5.3 打样

在批量印刷之前，制作少量的样张来预览印刷的效果，是降低风险的最佳方法。通过打样，我们可以直观地看到印刷品的颜色，并在正式印刷前继续修改文件。

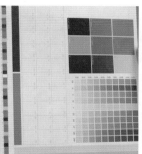

然而，需要注意的是，如果将同一个设计文件交给不同的公司进行输出，由于使用的机器、油墨、纸张的不同，颜色的呈现也会有所不同。因此，打样的色彩只能作为最终印刷的参考，而不能视为完全准确的表示。在实际印刷中，还需要考虑各种因素，如印刷设备的差异、材料的质量等，以确保最终印刷品的颜色效果符合预期。

7.5.4 印刷校色

对于颜色要求较高的印刷品，建议亲自前往印刷厂与印刷师傅一起校对颜色。在正式印刷之前，有一个重要阶段叫作"过版"。这个过程的目的是检查输纸、传纸、收纸等各个环节的情况，确保印刷品的清洁，并检查是否存在偏色问题，以及印刷的套准是否准确。

在印刷过程中，印刷师傅会时不时从运转的印刷机中抽出一张样品，并将其放置在标准光源下进行检查。如果发现颜色存在偏差，他们可以通过调节印刷的压力以及每种油墨的给墨量来进行纠正，确保画面的颜色准确无误。

总结

综上所述，颜色的准确性受到多种因素的影响，对于设计师而言，尽量减少色差是至关重要的。为了实现这一目标，设计师可以在设计之初就选择正确的色彩模式。此外，采用校准显示器、使用印刷色谱、打样，以及亲自到印刷厂校对颜色等手段，都有助于减少色差。

09
构图篇
COMPOSITION

构图是在版面空间中将视觉元素（如文字、色彩、图形等）进行有机结合，以形成既美感又能清晰表达设计者意图的画面。不同的构图方式能够赋予画面不同的视觉变化，进而引发观者不同的心理感受。因此，在排版过程中，充分理解构图的意义和作用显得尤为重要。只有这样，设计者才能做到胸有成竹，创作出既具有视觉冲击力又具备有效传达力的作品。

LAYOUT
STRATEGY
版式攻略

构图篇
COMPOSITION

Chapter 01 ——
平衡稳定
的构图

这是严谨规范，具有较强秩序感，能呈现平衡而
稳定的视觉效果的构图形式，包括上下构图、左
右构图和对称构图。这些构图方式都体现了一种
秩序感和稳定性，使视觉元素在版面中的分布更
加平衡，给人一种稳重、庄重的感觉。

1-上下构图、左右构图

"上下构图"和"左右构图"是常用的构图方式，它们将版面分割为两部分，使画面中的元素呈现上下或左右的分布趋势。在这种构图中，版面一般由主空间和次空间构成。主空间通常承载视觉主体，是吸引观者注意力的焦点；而次空间则承载阅读信息，为观者提供详细的内容和背景。这种构图方式呈现的视觉效果平衡而稳定，使版面更加易于阅读和理解。

这两种构图形式在版式设计中非常通用和实用，适用于各种设计项目。最典型的构图形式是图片和文字各占据一部分空间，形成主次分明的两个独立空间。这种布局方式确保图片和文字互不干扰，从而提供良好的阅读体验。观者能够清晰明了地接收和理解版面所传达的信息。

以下两个案例的版面分别采用了"上图下字"和"左图右字"的构图方式，这种布局使版面内容一目了然，阅读流畅，并且很好地突出了视觉主体，体现了信息的层次感。

非黑即白世界 一半清醒 一半深渊
处于混涌交织的边缘

非黑即白的世界
EITHER BLACK OR WHITE
THE WORLD
叶离-摄影作品展
PHOTOGRAPHY EXHIBITION

展览地点 Add ————
北京时代美术馆 36-37
F36-37 Times Art Museum

展览时间 Time ————
9.11 Tue — 9.15 sun

主办单位：北京时代美术馆、艺琅传媒
合作单位：中国艺术村、恭王府管理中心

张铨——设计个展

旋转的空间◎
ROTATING SPACE

展览时间 EXHIBITION TIME ————
2020 8/25 — 9/15
August 25th   September 15th

我顺着回旋梯一步步前进
沉睡中的记忆
也一点一滴地苏醒
好熟悉
这样的场景不是在梦里
和谁踩着舞步
同样的细雨仿佛无止境
隔着彩绘玻璃
分不清时间的顺序
看见你的轮廓
一点一点地清晰
我顺着回旋梯
打开已经尘封了许久的记忆

展览地点 Add ————
北京1+1艺术中心
(北京市东城区朝阳门北大街11号一展)

主办单位：北京1+1艺术中心
合作单位：九州文化传媒、中国艺术村

当画面中缺少图片作为版面的主视觉元素时，设计师经常采用图形化的标题文字来充当画面主体。

1.1 构图比例

在进行构图设计时,设计师可以根据版面内容的信息量来划分画面的空间比例,从而使版面分割更加严谨。然而,需要注意的是,没有哪种比例关系是绝对正确的。最适合的比例关系取决于画面的项目调性、信息体量、信息功能以及图文主体。

在设计过程中,设计师可以反复调整,尝试不同的比例关系,直到找到最合适的构图比例。这是一个迭代的过程,需要设计师不断地观察、分析和调整,以确保最终的构图能够最好地传达版面信息,同时保持视觉上的平衡和美感。

1.1.1 黄金分割比例 (1:1.618)

黄金分割比例被认为是最具美感的分割比例,它具有严谨的艺术性、和谐性,并蕴藏着丰富的美学价值。在设计中,有意识地运用黄金分割比例进行设计,可以营造出富有美感的版式效果。黄金分割比例的运用可以使版面更加平衡、和谐,并提升整体的美感。

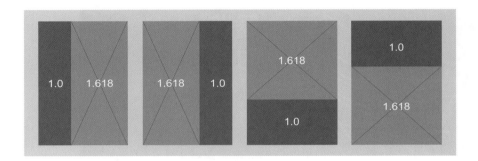

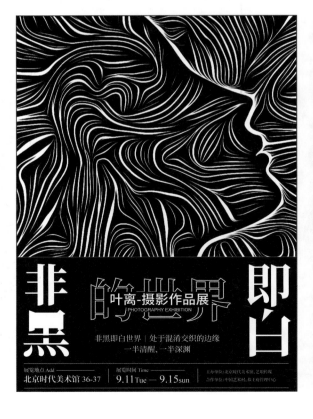

1.1.2 2:1 和 3:1 比例

在版式设计中，采用 2:1 的比例是一种常见的构图方式。在这种比例下，图片主体在画面中占据主导地位，成为视觉的焦点。重要的信息，如标题，通常融入图片中并放置在主空间，从而成为画面的主体。而阅读性文字则放在次空间，以起到补充和解释的作用。这种构图方式可以突出图片的重要性，并且通过合理的空间分配，确保文字清晰可读。另外，3:1 的分割比例与 2:1 比例相似，但在画面中，图片占据主导地位的效果更加强烈。这种比例主要适用于那些图片较为重要而文字信息较少的版面。

在设计中，将画面划分为 2:1 的空间比例是一种常见的做法。由于次空间在画面中所占比例较小，为了凸显画面主体，可以将标题融入图片中。这样做不仅可以使标题更加引人注目，还能增强图片的表现力。

为了进一步增强画面的动感和流畅性，可以使用英文元素串联起左右两个空间。这样的设计手法可以破除传统左右构图版面的呆板感，使画面更加生动有趣。

1.2 灵活运用

上下构图和左右构图形式在初看下可能显得较为单一和呆板，但实际设计中，设计师可以灵活运用各种设计手法，通过精心设计变换出多种编排形式，从而丰富版面的视觉效果。

1.2.1 空间调整

将图文按比例分别编排在版面的主次空间是一种比较严谨、规范的构图方式。然而，为了避免版面显得呆板，设计师可以采用一些技巧。例如，通过调整版面空间，可以变换出多种编排形式，使版面更加生动。此外，在上下或左右的空间划分中，设计师可以尝试划分出新的空间，让元素的分布更具多变性和灵活性。这样的调整可以使版面更加活跃，并增加观者对版面的兴趣。

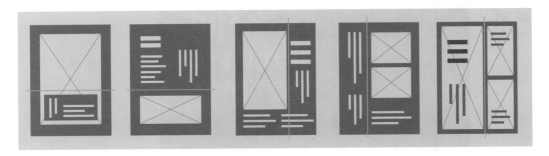

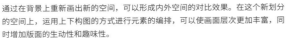

通过在背景上重新画出新的空间，可以形成内外空间的对比效果。在这个新划分的空间上，运用上下构图的方式进行元素的编排，可以使画面层次更加丰富，同时增加版面的生动性和趣味性。

通过缩小图片和文字的空间，刻意留出空白处，从而形成外部空间，有助于增加版面的层次感。同时，将图片的位置重心向左偏移，并巧妙地运用标题进行"破图"和错位处理，可以打破左右构图的均衡、稳定状态，为版面注入动感和活力。

1.2.2 曲线、斜线分割

通过将生硬的直线改变为呈现动态感的斜线或曲线进行画面分割，可以使版面显得更加生动活泼。
这种设计技巧能够为版面注入一种动感和流动感，有效地打破直线构图带来的僵硬感，使整体设计
更加生动有趣，提升观者的视觉体验。

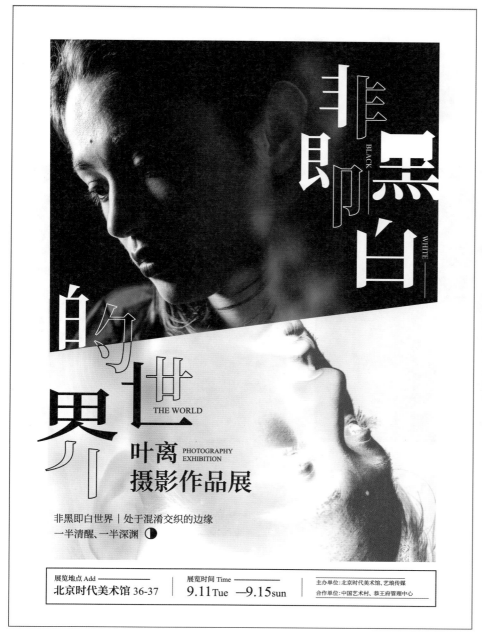

将分割线改为斜线可以有效地打破版面空间分割的呆板感。这种斜线分割方式为版面注入了动态元素，使整体构图更加灵活。
同时，将标题文字拆散为对角编排形式，形成对立的关系，与主题产生巧妙的呼应。

1.2.3 串联空间

通过巧妙地利用文字，可以在主次空间之间建立视觉联系，从而打破版面构图的单一性。

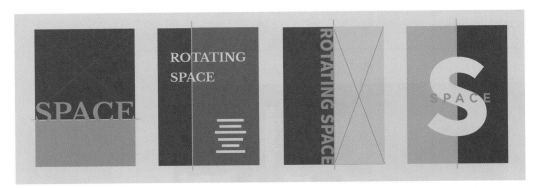

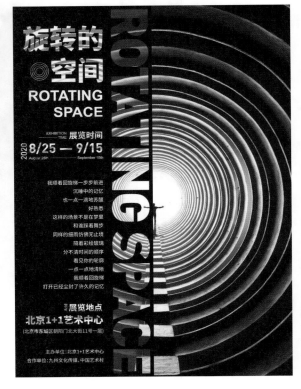

在设计中，我们可以尝试将画面划分为 3:1 的空间比例。在这种比例下，标题可以巧妙地融入图片中，成为画面的主体元素。这种做法能够突出标题的重要性，同时增强画面的视觉冲击力。为了进一步打破上下构图版面的单一性，可以使用标题文字串联起上下两个空间。

采用 1:1 的比例来划分空间，可以使文字和图片各自占据一部分版面。这样的布局方式能够实现文字和图片的平衡呈现，使观者在阅读时能够同时关注到二者。最终，再利用英文元素串联左右两个空间，不仅能够增加版面的设计感，还能够提升整体的视觉效果，打破左右空间的独立性，使版面更具整体性和连贯性。

除了使用文字，设计师还可以巧妙地利用色块、图形等设计元素来串联空间。这些设计元素可以在主次空间之间建立起视觉联系，使版面更加丰富多样。通过巧妙地搭配和运用色块、图形等元素，可以获得丰富的视觉效果和良好的设计感。

处于混淆交织的边缘

非黑即白世界 一半清醒、一半深渊

非黑即白
EITHER BLACK OR WHITE

的世界
THE WORLD

叶离-摄影作品展 PHOTOGRAPHY EXHIBITION

展览时间 Time
9.11 Tue — 9.15 sun

展览地点 Add
北京时代美术馆 36-37
F36-37 Times Art Museum

主办单位:北京时代美术馆、艺琅传媒
合作单位:中国艺术村、恭王府管理中心

1.2.4 空间留白

通过使用留白，可以有效地破除两个空间之间的间隙，从而营造画面的空间感。这种设计手法能够创造出更加宽敞和舒适的视觉效果。同时，通过巧妙地运用负空间的留白，结合图片和文字的错位排版，可以让空间具有多变性和层次感。这种设计方式不仅能够使设计品更加灵动，充满个性，也能够增强观者对设计品的兴趣和好感。

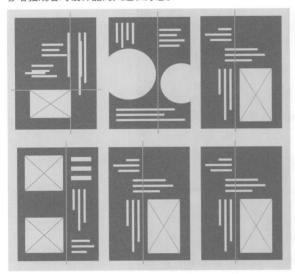

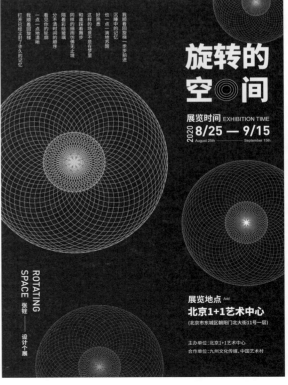

为了让版面更具动感和活力，可以让图片的重心向左上方偏移，从而打破均衡、稳定的构图形式。这样的布局安排使版面呈现一种动态的趋势，更加引人注目。同时，在左侧空间进一步划分出新的空间，形成上下构图，有助于增强版面的层次感和立体感。

其他阅读性文字可以放置在画面的右半部分空白处，以保证文字的清晰可读，并且与图片形成良好的空间分布。通过这样的布局，可以实现图文之间的互补与呼应，提高信息传达的效率。

最后，为了呼应展览主题并增加版面的灵活性与丰富性，可以对所有文字进行旋转处理。

1.2.5 满版图片

在构图设计时,并不一定要依赖分割线来划分空间。例如,在满版图片的背景上,设计师可以通过重新进行空间分割,巧妙地布局设计元素,让画面整体呈现上下或左右的分布趋势。

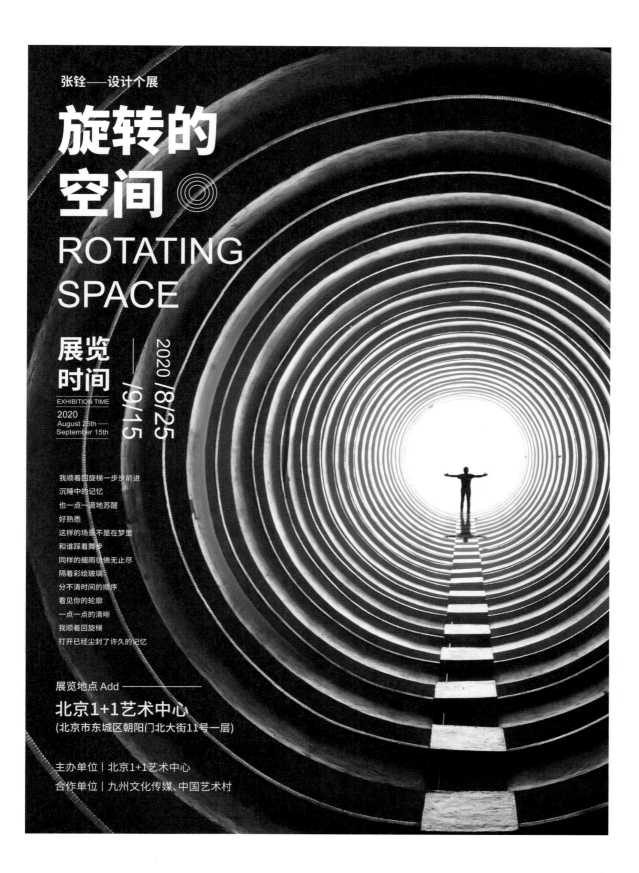

1.2.6 图片裁切

将方形图片裁切为其他形状，可以使构图不再局限于明显的分割线，从而呈现良好的视觉效果。

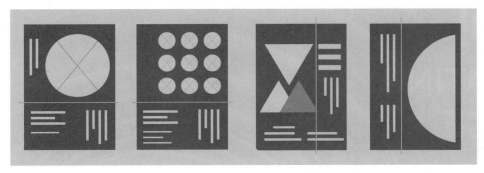

2-对称构图

对称构图是将版面等分为两部分，通过布局设计元素，使画面整体呈现对称均衡的视觉效果。这种构图方式具有极强的秩序感，给人安静、严谨和正式的感受，展现出和谐、稳定、经典的气质。

优点：

平衡稳定： 对称构图创造了完美的平衡感，而正是这种平衡感创造了视觉上的和谐与稳定。这种美感来源于对称的两边在视觉上的均等，给人一种稳重、大气的视觉体验。

严谨秩序： 对称构图的特性使其给人一种整齐、严肃且有条不紊的视觉感受。每一个设计元素都在其应有的位置上，这种构图方式能够营造出严谨的秩序感，展现设计的严谨性与精密性。

经典完美： 对称构图带来的视觉平衡与和谐，呈现出庄重大方的美感，这种美感体现了人类对完美与平和的不懈追求。

2.1 上下对称、左右对称

将版面精确地一分为二，形成均等的上下或左右两部分。通过巧妙地布局设计元素，使画面整体展现出对称且均衡的视觉效果。这种构图方式多用于版面中两部分内容处于并列关系或对立关系的情况。

TIPS 上下对称构图和左右对称构图可以视为上下构图和左右构图的 1:1 比例形式。在设计过程中，我们可以灵活运用之前推荐的各种设计手法，通过精心设计变换出多种编排形式，以丰富版面的视觉效果。

2.2 中心对称

在设计中，可以将图形和文字信息放置在画面的中轴线上，采用居中对齐的排版形式，呈现对称的状态。这种布局方式能够营造出平衡、稳定的视觉感受，使观者感到舒适、和谐。

另一种方式是以画面的中轴线为中心，将视觉元素分布在画面的两端。在这种布局中，元素形状和大小几乎一致，也能呈现出平衡、稳定的状态。

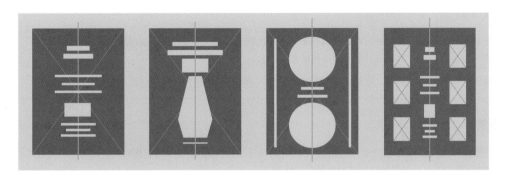

2.3 对角对称

在排版布局中，将元素分布在对角线两端，可以使它们互相呼应，从而呈现对角的对称平衡状态。
这种布局方式既保留了对称的秩序性和工整性，又能打破传统的对称呆板感，使版面更加生动活泼。

人物与"梦境"二字巧妙地分布在对角线的两端，彼此之间相互呼应，呈现一种对角线的对称平衡
状态。这种布局不仅赋予了画面动感与张力，还增强了设计的整体感。而其他的文字信息则采用两
端对齐的方式，整齐地居中排列在中轴线上，确保了视觉上的平衡与易读性。

LAYOUT
STRATEGY
版式攻略

构图篇
COMPOSITION

Chapter 02——
灵动活泼
的构图

当设计师想要打造更灵动活泼的版面，营造轻松、动感、热闹等氛围时，倾斜构图、中心构图和满版构图则是更为适合运用的构图表现形式。这些构图都有着共同的优点。

1. 生动活泼、热闹欢快。倾斜构图带来的动感，中心构图产生的主次分明的层次感，以及满版构图所呈现的丰富饱满的视觉感受，都能够有效地传达出轻松活泼的印象，为设计注入趣味性。当这些构图方式与跳跃的元素相结合时，画面会展现出热闹欢快的视觉感受。

2. 强烈的视觉冲击力。相较于传统的构图方式，倾斜构图、中心构图和满版构图的元素布局更加自由和个性化。这种设计方式能够让画面充满活力，具有良好的视觉张力，使设计感更为强烈。

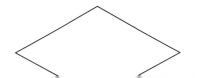

1-倾斜构图

倾斜构图是版面设计中的一种技巧，它将整体或部分元素以倾斜的角度呈现在画面中。这种构图方式打破了常规横平竖直的视觉思维，能够产生不稳定的动感，使画面显得更具创意性和活力。通过更自由、更个性化的视觉表达，倾斜构图能够传递信息和情感，同时增强画面的视觉冲击力。然而，运用倾斜构图需要注重对画面整体结构的把控。设计师需要不断调整各种角度与构图，以达到满意的效果。此外，倾斜构图对人物、场景以及文案的结合和相互作用都有很高的要求。

1.1 倾斜构图的优点

1. 富有动感

倾斜构图通过在垂直和水平方向上的偏离，创造出不平衡的视觉感受。这种不平衡感正是动感的来源，使版面设计充满活力。因此，倾斜构图经常被运用在需要体现对抗性、速度感、力量感的版面中，以更好地传递这些主题所蕴含的能量和活力。

2. 紧张刺激

倾斜的画面由于其不稳定性和不确定性，往往带给人一种紧张和焦虑的视觉感受。正因为具备这种特性，倾斜构图在设计中被广泛应用于营造惊悚、叛逆、惊险、刺激以及充满危机感的氛围，从而更有效地传达设计主题和达到预期效果。

1.2 构图形式与案例分析

倾斜构图在设计中有多种表现形式，通常包括主体倾斜、文字倾斜以及辅助元素倾斜。在实际设计中，设计师需要根据现有的素材和资料来选择合适的倾斜方式，以呈现最佳的视觉效果。

1.2.1 主体倾斜

主体是版面中占据面积最大、传达信息最直观的视觉元素。将主体进行倾斜处理，其他元素使用稳定的横竖排列，形成动静对比，既能保持画面的稳定性，又能突出主体。

案例示范

①本案例为运动俱乐部的宣传海报，首先选择与版面相契合的字体。对于主标题，中文和英文文字体应选择笔画厚重、粗犷且具有力量感的字体，以凸显运动俱乐部的活力和力量。其他信息部分，为确保良好的识别性，应使用严谨、规整的黑体字体。

②在进行文字排版时，可以在 Photoshop 中对文字进行倾斜处理。加入倾斜角度的变化，使版面更具动感。为保持统一的倾斜角度，可以建立倾斜的网格来辅助排版。这种不平衡感产生了动感，进而增强了版面的趣味性，并形成良好的视觉冲击力。

③为了增强视觉效果，可以使用"橡皮擦"工具擦除文字下方，形成渐隐的效果。接着，使用"特殊效果画笔"中的"Kyle 的喷溅画笔"工具，擦出斑驳的效果。这种处理方式可以为海报增添一种独特的质感，使其更具视觉吸引力。

①

运动无极眼 ←———— 正酷超级黑
UNLIMITED
MOVEMENT ←———— Aileron

燃烧你的激情
BURN YOUR PASSION

会员招募
现在报名 立享优惠

迈动运动俱乐部
报名电话: 020-8858 8886
报名时间: 2020 年 09 月 06 日 -10 月 06 日
地址: 广州市昆仑大道大嘉汇汇金城 1 号 ←———— 思源黑体

②

③

④在设计中加入人物素材，并将其做出前后叠加的效果，以增加画面的层次感和深度。其他文字信息应放置在画面下方，这样可以确保整体画面的平衡感和稳定性。

此案例中，各视觉元素均按同一角度进行有规律的倾斜处理，使整体版面呈现统一和谐的整体性和秩序感。这种设计方式赋予了版面单纯的结构和井然有序的效果，使主体部分更加突出，具有动感。同时，其他元素采用稳定的横竖排列，与倾斜的主体形成动静对比，有效地保持了画面的稳定性。

案例示范

①针对文案信息，应进行优化排版，明确区分主次，以建立良好的视觉层次。这样可以使重要信息更加突出，提高观者的阅读效率。

②将文字放置到版面中时，可以进行倾斜处理。一般来说，倾斜角度不应过大，以确保画面活泼且不影响图文的识别性。这种设计方式在实践中比较容易把控。

③为了营造特殊的空间感，可以加入俯视角度的运动人物素材。在放置这些素材时，应注意不要影响中文标题的识别性。同时，其他信息和点缀元素应平稳地排列在画面四角，以保持整体的稳定性。

④背景方面，可以加入网球场的素材，并与文字形成对立方向的倾斜效果，以产生对比，这样可以使整体效果更加丰富。如果版面仍然显得平淡，缺少层次感，可以使用半透明的黑色画笔压暗画面边缘，形成聚光效果，使主体更加突出。最后，利用灰色画笔为主体文字添加光泽效果，进一步增强视觉吸引力。

①

②

③

④

在本案例中采用了"双方向倾斜"的设计手法，将设计元素朝两个对立的角度进行倾斜。这种处理方式在方向上产生了鲜明的对比，形成了视觉冲突。

1.2.2 文字倾斜

文字在版式设计中具有丰富的表现力，当图片素材受限时，利用文字倾斜的手法可以打破规范、稳定的版面，有效地破除画面的呆板印象。这种处理方式能够为设计注入动感和活力，提升整体的视觉效果。

1.2.3 元素倾斜

在不改变整体视觉感受的前提下，巧妙地运用部分装饰性元素或背景元素进行倾斜处理，可以打破画面的平衡感。这种微妙的调整不仅能够突出强调特定元素，还能起到装饰画面的作用，使整体设计更加生动有趣。

案例示范

①重新挑选一张运动图片，根据图片中主体人物的动作来重新布局文字。在排版过程中，要确保按照主次关系建立清晰的视觉层次，使观者能够快速抓住重点。

②为了营造动感并打破画面的平衡感，可以将主体文字进行适度倾斜，并添加倾斜的线条元素。这样的设计手法会产生一种不稳定的动感。将文字和线条放置在人物下方，让它们形成叠压效果，从而增加画面的层次感和变化性。

③为了提升画面的质感和视觉冲击力，可以给人物和文字加入金属特效。这种特效处理方式将使画面呈现良好的厚重感和力量感，进而产生强烈的视觉冲击力，使整体设计更加引人注目。

在本案例中，虽然主体图片没有倾斜，但通过巧妙地倾斜文字和设计元素，成功地打破了规范、稳定的版面，营造出了不稳定的动感。

2 - 中心构图

中心构图是一种设计构图方式，它将主体放置在画面的视觉中心，从而形成视觉焦点。在这种构图中，其他信息元素被用来烘托和呼应主体，以突出其重要性。这种构图形式能够直观地将核心内容展示给受众，从而有效地传达设计主题。

需要注意的是，中心构图中的"中心"实际上是指画面的视觉中心，而不是画面的绝对中心。因此，在设计时，设计师经常会故意将主体重心偏移一些，以避免由于过度使用中心构图而产生呆板的感觉。

2.1 中心构图的优点

凸显主体

通过将主体放置在画面中心进行构图，可以使其成为版面中最突出、最明确的元素。通常，产品本身、人物形象或主题内容会被选作画面主体形象，并占据版面的视觉中心。这样的处理方式提供了最直观的视觉引导，使观者能够快速关注到主体。

聚焦醒目

将主体设置在版式的中心位置，还能有效地引导受众的视线聚集在设计师想要突出的内容上。这种设计手法能够提高版面的注目效果，使观者对主体内容保持高度关注。

2.2 构图形式与案例分析

案
例
示
范

川味牛肉麻辣堡

18.8 元

更多套餐，扫码下单
疯狂星期四，限时注销

2.2.1 放大主体

通过放大主体视觉元素，可以赋予主体充分的主导地位。与周围的元素相比，主体在体量上形成差异，从而制造出视觉冲突。这种处理方式能够降低次要元素对主体的影响，使受众的视线聚焦在重点内容上。强烈的对比不仅可以形成视觉落差，还可以增强版面的节奏感，使整体设计更具吸引力和张力。

2.2.2 颜色对比

运用色彩对比是突出重点的有效方法。通过大面积的背景色与少量的主体色形成强烈对比效果，可以在第一时间将观者的视线引导到主体上。

2.2.3 明暗对比

明暗对比是通过利用明暗的差异，形成强有力的反差效果。这种对比能够在第一时间吸引观者的注意力，让观者迅速捕捉到主体和重点。明暗对比不仅能够凸显主体，还可以为整体设计增添层次感和立体感。

2.2.4 中心发散

中心发散是一种以主体为中心的设计手法，其他内容按照放射状进行编排，向四周不断延展、散发或者聚拢。这种设计方式有利于聚焦视线，凸显位于中心的内容，使其获得更高的注目度。同时，中心发散的构图方式也能使版面充满动感和活力，增强整体设计的视觉效果。

2.2.5 借助画框

借助画框是一种常用的设计手法，它可以让主体的聚焦性更强，突出重要内容。画框的运用可以使画面的主体形式更加丰富多样，增加视觉层次和趣味性。同时，画框还可以起到装饰和美化版面的作用，提升整体设计的质感。

3-满版构图

满版构图是一种独特的设计方法，通过将图片、文案和设计元素等铺满整个版面，营造出丰富的画面效果。这种构图方式具有极强的代入感和视觉感，能够传递更加丰沛的情感。满版构图以其独特的创作效果广泛运用于各类设计作品中，无论是展现出饱满充实的形象，还是呈现直观而丰富的视觉感受，抑或展现轻松随意的趣味性，都是其他构图形式所不可替代的。

3.1 满版构图的优点

1. 亲和力:满版构图通常采用图片特写、俯视角度等手法，营造出身临其境的场景。这种构图手法能够很好地引起观者的注意，并且具有较强的亲和力。通过这种亲和力，可以唤起人们的购买欲望，从而增强营销效果。

2. 趣味性:满版构图中，视觉元素可以以灵活多变的形式自由编排，从而增加设计的趣味性。这种趣味性不仅可以吸引观者的视线，还能使设计品更具吸引力和独特性。

3. 饱满丰富:满版构图中利用各种设计元素充满整个版面，通常不会出现太多留白。这种设计手法使视觉效果饱满而丰富，为观者带来强烈的视觉冲击力。

3.2 构图形式与案例分析

3.2.1 文字满版

通过使用文字和装饰元素充斥整个版面，并经过巧妙的编排与组织，也可以打造出美观且具有强烈视觉冲击力的版面。这种方式特别适合缺少素材、文字内容较多的版面设计。

案例示范

梦回敦煌 DREAM OF DUNHUANG

一段涤荡心灵的朝圣之旅
莫高窟穿越千年的多彩壁画，鸣沙山上的驼铃声声，玉门关外的茫茫戈壁滩。

【2020畅玩敦煌二日游】
莫高窟、鸣沙山、月牙泉、玉门关、雅丹地貌

优惠价格：360元
费用包括：
交通：当地旅游空调车　　　　住宿：全程1晚住宿，入住三星酒店
用餐：全程不含餐、门票　　　导服：优秀中文导游服务
儿童：2-12岁儿童仅含车位及导游服务　保险：旅游责任保险

预定电话：0937-5966566
敦煌中国国际旅行社

敦煌不仅是一个地理名词，更是一个精神坐标，一处文化高地。因为铭刻了太多的民族文化记忆，敦煌几乎成了一种代代相传的文化基因。敦煌地处甘肃河西走廊最西端，南枕气势雄伟的祁连山，西接浩瀚无垠的罗布泊，北靠嶙峋蛇曲的北塞山，东峙峰岩突兀的三危山。

作为古代丝绸之路的中转站，敦煌是丝路边塞文化、两关长城文化的集结地，西汉武帝年间即在此设郡。纵横数千年，中国文化、印度文化、希腊文化以及伊斯兰文化在这里交汇融合。

历经汉风唐雨的洗礼，几度盛衰，敦煌步履蹒跚地走过了近五千年漫长曲折的里程。遍地的文物遗迹、浩繁的典籍文献、精美的石窟艺术、神秘的奇山异……无一不书写着它辉煌的过去。

①当项目表现为传统文化时，标题字体的选择尤为重要。为了凸显传统文化的韵味，可以选择书法体和宋体进行搭配。在布局上，建议放大"敦煌"二字，使其成为版面的焦点，而其他文字内容则可以放置在版面的空白处，确保文字元素占据版面的整体空间，从而营造浓郁的传统文化氛围。

②在配色方面，为了营造古朴与厚重的氛围，推荐使用深底色搭配金色文字。这种配色方案能够凸显古朴的历史文化感。同时，为了进一步增强画面的质感，可以将"壁画"和"金箔"素材巧妙地置入"敦煌"二字中，通过叠加纹理来增加肌理对比。

③纯文字的画面可能会显得比较单调，为了丰富画面的视觉元素并渲染氛围，可以加入背景纹理和具有代表性的敦煌飞天壁画人物素材。

3.2.2 图片满版

当图片被放大并铺满整个版面时，会给人一种大气且舒展的感觉。在此情况下，文字信息的位置通常是在图像上方或图像的空白处。然而，需要注意的是，文字的放置不应影响其自身的识别性，同时也要确保图片的完整性和不受干扰。

案例示范

①为了创作具有敦煌特色的设计，可以寻找具有代表性的敦煌飞天人物壁画图片，并将其放大铺满整个版面。根据图片主体的位置，可以将版面划分为上下两部分，以合理安排文字的放置空间。

②在版面的上部分，可以放置敦煌的景点介绍信息。为了体现历史文化感，可以选择篆书、隶书和宋体进行搭配。对于其他文字，为了保持良好的识别性，可以选择黑体。根据版面上半部分留出的空间，可以使用顶对齐的竖排形式进行排版，同时注意调整文字下端错落起伏的节奏感，使版面更加生动。此外，可以加入线条元素来划分不同类型的信息，并丰富视觉效果。在下半部分，可以放置报名信息，并根据版面空间进行优化排版，确保信息的清晰呈现和整体视觉效果的和谐统一。

将精心刻画的文字信息巧妙地放置在图像的空白处，确保文字能够轻松识别，同时不影响图片的完整性和美观度。为了进一步提升版面的丰富性，可以添加景点图片和精致的小图标，这样的设计使整个版面效果更加充实饱满，为观者带来更加丰富多彩的视觉体验。

3.2.3 图文混排

当设计中图片和文字内容都较多时，可采用图文混合排版的方式。采用这种方式时，需要寻找图片和文字之间的"空白区"，并巧妙地穿插排版。

案例示范

①标题采用错位排版的方式，通过交错移动文字的位置来创造动感和视觉张力。在标题的缺口处，可以巧妙地加入图标进行装饰，从而丰富细节和增加视觉趣味性。对于景点介绍文字，建议采用两端对齐的形式进行排版，以确保文字的工整性和易读性。同时，在排版过程中要注意留出适当的"空白区"，为景点图片的混合排版提供空间。

【2020畅玩敦煌二日游】
莫高窟、鸣沙山、月牙泉、玉门关、雅丹地貌

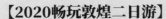

梦回敦煌

莫高窟穿越千年的多彩壁画，
鸣沙山上的驼铃声声，玉门关外的茫茫戈壁滩。

360元 DREAM OF
—— 优惠价格 —— DUNHUANG

一段涤荡心灵的 朝·圣·之·旅

敦煌不仅是一个地理名词，更是一个精神坐标，
一处文化高地。因为铭刻了太多的民族文化记忆，
敦煌几乎成了一种代代相传的文化基因。

敦煌地处甘肃河西走廊最西端，南枕气势雄伟的祁连山，
西接浩瀚无垠的罗布泊，北靠蜿蜒蛇曲的北塞山，
东峙峰岩突兀的三危山。

作为古代丝绸之路的中转站，敦煌是丝路边塞文化、
两关长城文化的集结地，西汉武帝时即在此设郡。
纵横数千年，中国文化、印度文化、希腊文化以及伊斯兰文化
在这里交汇融合。

历经汉唐风雨的洗礼，几度盛衰，敦煌步履蹒跚地走过了
近五千年漫长曲折的里程。遍地的文物遗迹、浩繁的典籍文献、
精美的石窟艺术、神秘的奇山异……
无不书写着它辉煌的过去。

0937-5966566
预订电话
敦煌中国国际旅行社

费用包括
交通-当地旅游空调车　住宿-全程1晚住宿，入住三星酒店
用餐-全程不含餐、门票　导服-优秀中文导游服务
儿童-2-12岁儿童仅含车位及导游服务　保险-旅游责任保险

②单纯地使用图文编排可能会使版面效果显得单调和不足。为了提升版面的丰富性和饱满感，可以考虑将编排好的信息放置在背景图片上。这种设计手法可以增加版面的层次感和立体感。然而，需要注意的是，背景图片的选择和处理应当避免影响文字和图片的识别性，确保信息清晰可读。

【2020畅玩敦煌二日游】
莫高窟、鸣沙山、月牙泉、玉门关、雅丹地貌

莫高窟穿越千年的多彩壁画，
鸣沙山上的驼铃声声，玉门关外的茫茫戈壁滩。

360元
—— 优惠价格

DREAM OF DUNHUANG

一段涤荡心灵的 朝·圣·之·旅

敦煌不仅是一个地理名词，更是一个精神坐标，
一处文化高地。因为铭刻了太多的民族文化记忆，
敦煌几乎成了一种代代相传的文化基因。

敦煌地处甘肃河西走廊最西端，南枕气势雄伟的祁连山，
西接浩瀚无垠的罗布泊，北靠嶙峋蛇曲的北塞山，
东峙峰岩突兀的三危山。

作为古代丝绸之路的中转站，敦煌是丝路边塞文化、
两关长城文化的集结地，西汉武帝年间在此设郡。
纵横数千年，中国文化、印度文化、希腊文化以及伊斯兰文化
在这里交汇融合。

历经汉风唐雨的洗礼，几度盛衰，敦煌步履蹒跚地走过了
近五千年漫长曲折的里程。遍地的文物遗迹、浩繁的典籍文献、
精美的石窟艺术、神秘的奇山异……
无不书写着它辉煌的过去。

0937-5966566
预订电话
敦煌中国国际旅行社

费用包括

交通-当地旅游空调车　　　　　　　**住宿**-全程1晚住宿，入住三星酒店
用餐-全程不含餐、门票　　　　　　**导服**-优秀中文导游服务
儿童-2-12岁儿童仅含车位及导游服务　**保险**-旅游责任保险

LAYOUT
STRATEGY
版式攻略

构图篇
COMPOSITION

Chapter 03 ————

理性严谨
的构图

几何构图是版面设计中的一种方法，它通过几何
形态来组织视觉元素、构建画面，从而形成一个
人为的视觉空间。这种构图方式使视觉元素的布
局更有章法，具有严谨性和规律性，进而传达出
理性之美，展现出一种冷静、沉稳的视觉风格。

1-三角形构图

三角构图是指在设计画面中，主要元素构图形成三角形的布局方式。这种构图方式可以包括正三角形、倒三角形或斜三角形，通过三角形的稳定性和动态感，增强设计的视觉效果和冲击力。

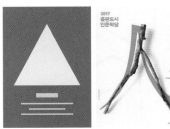

——— 正三角形构图 ———　　　　　——— 倒三角形构图 ———　　　　　——— 斜三角形构图 ———

采用正三角构图方式，将图形摆放成正三角形形态，既实现了平衡稳定的效果，又营造出挺拔高耸的视觉感受。其他文字内容可以放置在图形下方，使整体构图的重心落在底部，进一步保持平衡稳定感。

将图形按倒置的三角形摆放，构成倒三角构图。这种构图的特点在于能够体现不稳定的张力，给人以心理的紧张压迫感，充满运动趋势。倒置的三角形构图赋予了设计作品动感和力量，使其充满活力和张力。

斜三角形构图可以看作倾斜度不太大的倒三角形构图。它充满了不确定性，既有静态的稳定感，又蕴含动态的趋势，因此运用起来比较灵活。

2-圆形构图

圆形给人带来饱满、完整的视觉感受。当我们看到圆形时，会产生一种寻找圆心的自然愿望，因此使用圆形很容易形成视觉焦点，迅速吸引人们的注意力。在版面设计中，如果主体以轮廓分明的圆形形象占据版面中心，这不仅能明确地界定作品的视觉对象与范围，还能有效地将主体与背景环境区分开来。这种设计手法可以产生强烈的视觉焦点效果，使主体显得更加鲜明和突出。

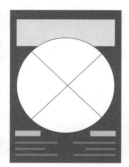
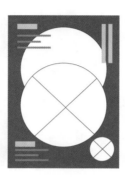

另外，将主体元素放置于版面中心也是一种有效的设计手法。这种布局使四周的元素向中心集中，或者从中心向四周辐射，从而形成强烈的纵深感。这种设计方式能够迅速将观者的视线引向主体，产生旋转、运动、聚焦等多种视觉效果，使主体更加突出醒目。

3 - 四边形构图

四边形构图是指在设计版面中，主要视觉元素按照四边形的形状进行排列构图。这种构图方式理性而严谨，经常在设计时被用来构建平衡的视觉效果。

3.1 压四角

通过巧妙运用视觉元素，可以压住版面的 4 个角落，从而使整个版面呈现均衡、稳定的效果。另一种设计策略是将主标题作为主体视觉元素，放大后精心编排到版面的 4 个角落。这种布局方式在突出标题的同时，也能兼顾展现画面的中心元素。这种方式尤其适合标题字数较少且希望营造稳重感觉的设计品。

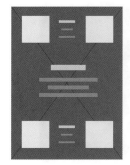
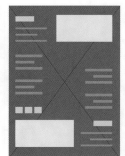

3.2 框架型

通过利用主体周边的元素，可以构建四边形的边框。这种画框形式有效地汇聚观者的视线，将焦点集中在主体上。因此，这种构图方式能够起到突出主体、增强画面形式感和临场感的作用。

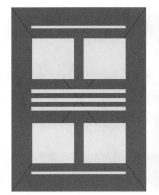

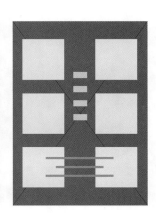

构图篇知识点总结

平衡稳定构图

构图名称	构图优点		构图形式
上下构图 左右构图	平衡稳定	主次分明，良好的阅读体验	1:1.618、1:2、1:3、1:1 等构图比例	空间调整、斜线和曲线分割、串联空间、 空间留白、满版图片、图片裁切等
对称构图		严谨秩序、经典完美	上下对称、左右对称、 中心对称、对角对称	

灵动活泼构图

构图名称	构图优点		构图形式
倾斜构图	生动活泼 视觉冲击力强	具有动感、紧张刺激感	整体画面倾斜（同方向倾斜、双方向倾斜、多方向倾斜） 局部元素的倾斜（主体倾斜、文字倾斜、辅助元素的倾斜）
中心构图		重点突出、 提高信息的传达效果和效率	放大主体、色彩对比、明暗对比、中心发散、借助画框等
满版构图		良好亲和力、丰富饱满的视觉 效果、自由活泼的趣味性	图片满版、文字满版、图文混排等

理性严谨构图

构图名称	构图形式	构图优点	
三角形构图	正三角		挺拔高耸感、平衡稳定
	倒三角		不稳定的张力，紧张压迫感
	斜三角		不确定性，静中有动，运用比较灵活
圆形构图	中心集中	视觉元素布局更有章法， 传达出理性之美	主体突出，能产生旋转、运动、聚焦等视觉效果
	四周辐射		
四边形构图	压四角		版面均衡稳定、汇聚观者视线，突出主体
	框架型		